"十二五"职业教育国家规划教材
经全国职业教育教材审定委员会审定

畜禽生产技术实训教程

——家禽生产岗位技能实训分册

刘太宇　张　玲　主编

中国农业大学出版社
·北京·

内容简介

《畜禽生产技术实训教程——家禽生产岗位技能实训分册》是高职高专畜牧兽医类专业学生实践教学和顶岗实习的专用教材，内容突出了养禽生产职业岗位的特点，基于养禽生产工作任务的生产流程，按照“岗位能力—实训目标—任务描述—任务情境—任务实施—知识链接—提交作业—任务评价”的主线组织内容，以学生为主体，体现“教、学、做、练”一体化，服务于专业课程的教学改革。本书详细阐述了养禽生产的工作程序、知识链接，重在按照企业生产需求，培养学生在养殖企业实际环境中应掌握的职业能力。

本书结构新颖，图文并茂，不仅可以作为高职院校相关专业的教材，还可以作为中等职业技术学校相关教师的参考书和基层畜牧兽医人员、专业化养禽场的技术人员的参考资料。

图书在版编目(CIP)数据

畜禽生产技术实训教程.家禽生产岗位技能实训分册/刘太宇，张玲主编.—北京：中国农业大学出版社，2014.6

ISBN 978-7-5655-0957-5

Ⅰ.①畜… Ⅱ.①刘…②张… Ⅲ.①畜禽-饲养管理-教材 Ⅳ.①S815

中国版本图书馆 CIP 数据核字(2014)第 089486 号

书　名　畜禽生产技术实训教程——家禽生产岗位技能实训分册
作　者　刘太宇　张　玲　主编

策划编辑	康昊婷　伍　斌	**责任编辑**	韩元凤
封面设计	郑　川	**责任校对**	王晓凤　陈　莹
出版发行	中国农业大学出版社		
社　址	北京市海淀区圆明园西路 2 号	**邮政编码**	100193
电　话	发行部 010-62818525，8625	读者服务部	010-62732336
	编辑部 010-62732617，2618	出 版 部	010-62733440
网　址	http://www.cau.edu.cn/caup	**e-mail**	cbsszs@cau.edu.cn
经　销	新华书店		
印　刷	北京时代华都印刷有限公司		
版　次	2014 年 8 月第 1 版　2014 年 8 月第 1 次印刷		
规　格	850×1168　大 32 开本　9 印张　333 千字		
定　价	20.00 元		

图书如有质量问题本社发行部负责调换

中国农业大学出版社
“十二五”职业教育国家规划教材
建设指导委员会专家名单
（按姓氏拼音排列）

编审人员

主　编　刘太宇（河南牧业经济学院）
　　　　　张　玲（江苏农牧科技职业学院）

副主编　郑翠芝（黑龙江农业工程职业学院）
　　　　　范佳英（河南牧业经济学院）
　　　　　刘　杨（河南花花牛实业总公司）

编　者　（以姓氏笔画为序）
　　　　　王晓楠（黑龙江农业工程职业学院）
　　　　　刘太宇（河南牧业经济学院）
　　　　　刘　杨（河南花花牛实业总公司）
　　　　　李小芬（江苏农牧科技职业学院）
　　　　　张　玲（江苏农牧科技职业学院）
　　　　　郑翠芝（黑龙江农业工程职业学院）
　　　　　范佳英（河南牧业经济学院）
　　　　　程万莲（信阳农林学院）

审　稿　黄炎坤（河南牧业经济学院）

前 言

畜禽生产技术实训是高等职业技术教育畜牧兽医类专业的重要教学实践环节，依据高素质技能型专门人才的培养目标要求，围绕养禽生产岗位群的需要，确定岗位能力、实训目标、实训项目和实训任务，因地制宜创新实训教学模式，实现高职人才的技术性、应用性、实践性和针对性。

按照《国家中长期教育改革和发展纲要(2010—2020)》、《国家高等职业教育发展规划(2011—2015)》和《国务院关于大力发展职业教育的决定》中教学改革、人才培养等相关要求，本教材根据专业建设和教育教学改革不断完善，以培养具备家禽养殖、疫病防治和管理能力的高技能专门人才为目标，突出高等职业教育的特色，反映教学改革的新成果，体现以工作过程为导向的课程改革思想，以服务为宗旨，以就业为导向，以学生为主体，着力培养学生的职业素养、职业能力和独立解决生产实际问题的能力。

本教材按照“岗位能力—实训目标—任务描述—任务情境—任务实施—知识链接—提交作业—任务评价”的主线组织内容，层次分明、条理清楚，教材结构能反映畜牧兽医类行业企业的生产流程。主要包括养禽场综合调查与分析、家禽繁育员岗位技术、家禽孵化岗位技术、家禽饲料的选择与调配岗位技术、种禽饲养管理岗位技术、蛋禽饲养管理岗位技术、肉禽饲养管理岗位技术、禽场经营管理岗位技术、家禽卫生防疫与保健岗位技术9个项目31个工作任务。采取“校中厂、厂中校”教学模式，重点解决高职学生实践教学和顶岗实习的岗位针对性，提高学生可持续性发展能力和实践创新能力。由刘太宇、张玲任主编，郑翠芝、范佳英和刘杨任副主编，王晓楠、李小芬、程万莲参与编写。其中，编写提纲由刘太宇教授提出，项目一、项目四、项目九由张玲、李小芬编写，项目二、项目三、项目五由郑翠芝、王晓楠编写，项目六、项目七、项目八由范佳英、程万莲编写，同时张玲、刘杨进行了全书的统稿。最后请河南牧业经济学院黄炎坤教授审稿。

本书深入浅出，可供全国高职院校相关专业师生教学使用，也可供中等职业技术学校、基层畜牧兽医人员、专业化养禽场的技术人员参考。由于编写过程中时间紧、任务重，书中不妥之处在所难免，敬请广大师生及同行提出宝贵修改意见，以便完善提高。

编　者

2014年1月

目 录

项目一

养禽场综合调查与分析

岗位能力

使学生具备禽场的场址选择、禽场的设计与布局、禽舍的设备与利用以及禽场的环境控制等岗位能力。

实训目标

分析周边环境，结合现场实际情况选择适合的养禽场址；结合现场实际情况，以鸡场为例，能计算饲养面积、饲养密度和器具的数量，能确定建筑类型及面积，能进行养鸡场的规划与禽舍设计；能对各种生产设备进行选型、组织安装、维护和改进禽舍及其自动化设施；能设计禽舍温度和湿度控制设施、禽舍通风设施、光照控制设施，能制定禽舍合适的环境条件标准和方案，并采取正确的调控措施。

工作任务一　禽场的场址选择

【任务描述】

在了解养禽场场址选择原则的基础上，根据当地条件，分析某养禽场在场址选择方面的优、缺点，提出改进措施。

【任务情境】

根据养禽场周围环境，找出养禽场选址上存在的不足，针对养禽场存在的问题提出改进措施，并提出养禽场选址方案。良好的选址要依据养禽场的经营方式、生产特点、饲养管理方式、生产集约化程度等选择，要对养禽场的地形、地势、水源、土壤、地方性气候等自然条件，以及饲料和能源的供应、交通运输、与工厂和居民点的相对位置、养禽场废弃物的就地处理等社会条件进行全面考虑，选择合适的场址。

【任务实施】

一、确定目标

(1)确定养殖品种。

(2)确定养禽场规模和生产任务。

(3)考虑禽产品的销售。

(4)考虑今后产业的发展前景及可能会遇到的困难与矛盾。

二、调查研究

养禽场要按照地方资源分布和国家畜牧生产的布局，根据生产任务和市场需求选择场址。准备建立养禽场之前，第一步就是要进行调研工作。调研内容主要包括：

(1)场址周围的自然条件。

(2)社会条件。

(3)生产条件。

(4)参观考察。在建场之前,可到同类型、生产规模大小相似的养禽场去参观考察。借鉴同类型养禽场成功经验,尽量克服该场的不足或不利因素,避免或减少失误。

三、地势选择

平原地区一般场址比较平坦、开阔,场址选择地段要在较高的地方,以利排水,地下水位要低,以低于建筑场地基深度 0.5 m 以下为宜。在靠近河流、湖泊的地区,场址要选择在较高的地方,以防涨水时受水淹没。山区建场应选在稍平缓坡上,坡度不超过 25°,坡面向阳。断层、滑坡、塌方的地段不宜建场,还要注意避开坡底和谷地以及风口,以免受山洪、暴风雪及泥石流的袭击。拟选场址时要实地勘察和测量、并绘草图,标明地势地形作为场址选择和总平面布置或设计参考。

四、气候选择

在选址时要查找拟建地区常年气象变化情况,如气温、绝对最高温度、最低温度、土壤冻结深度、降雨量与积雪深度、最大风力、常年主导风向、日照等情况。搜集了解以上情况为养禽场选址及其建筑设计提供资料依据。

五、水源选择

(1)选择自来水作为养禽场水源,确保干净、卫生的水源,但成本较高。

(2)选择地表水源(如水库、河流、水塘、小溪等)作为养禽场的水源比较经济,可以降低养殖成本。但要注意养禽场的上游附近有无污染源,水源有没有被污染的可能。如轻度污染水源经过适当处理能不能作为养禽场的水源使用。

(3)选择地下水源作为养禽场生活与生产用水，首先要察看上游或附近有无排放有毒有害物质的工厂；其次要搜集当地水文资料，地下水源是否充足，打井抽水能否满足养禽场的需要；再次要了解当地的地下水中的重金属或有毒有害矿物质(汞、砷、铅、铬等)是否超标，人畜能否使用。

六、防疫选择

拟建养禽场场地的环境及附近的兽医防疫条件十分重要，是直接影响到养殖成败的关键因素之一。养禽场场址要离居民区500 m以上，离铁路、交通要道、车辆来往频繁的地方要在500 m以上，距离次级公路或乡村公路应在300～400 m的距离。常年风向的上游不能有屠宰厂、皮革厂、制药厂、骨粉厂、化工厂等排放污水的工厂。因为这些工厂的原料及其副产品很可能带有各种传染病菌或病毒，易污染水源、传播疾病。有条件的要在场址周围挖沟灌水建立防疫隔离带，在山区可用竹木围栏建立防疫隔离带。养禽场的空气要流通、清新而无贼风。

七、交通选择

养禽场场址应选择离公路、水路、铁路不远的地方。太远了交通不便，生产成本加大；太近了不利于疾病防控，影响养殖业生产。养禽场场址以市镇近郊为宜，以一日往返2次以上的汽车行车距离为度。这样的距离给以后工作带来很多便利条件，如工作人员进城镇办事不要留宿城里，运送禽产品和饲料等较为方便，节约生产成本开支。交通选择总的原则是既要防控疾病传播，又要便于运送产品和饲料，降低运输费用，节约生产成本开支。

【提交作业】

到某养禽场实地勘测、与养禽场场主（或主管人员）交流，对所在养禽场周边自然环境和社会环境进行调查。分析现有养禽场所在地地形地势、水源、土壤质地、周边供电及道路的条件、与居民点及交通干线网的距离、污水处理和排放等情况，提出其中存在的不足，形成分析报告(表 1-1-1)。

表 1-1-1 养禽场自然和社会环境条件分析评价报告单

养禽场名称：__________　　　　时间：____年____月____日

调查内容		调查结果	分析
养殖规模			
地形			
地势			
土壤质地			
水源			
与饲料供应点距离/m			
与居民区距离/m			
与其他单位间距离/m			
与交通主干线的距离/m	距一级公路距离		
	距二级公路距离		
	距三级公路距离		
其他(电、路、污物处理等)			
总　结			

【任务评价】

工作任务评价表

班　级		学号		姓名	
企业(基地)名称		养殖场性质		岗位任务	禽场的场址选择

一、评分标准

说明：考核共 5 项，总分 100 分；分值越高表明该项能力或表现越佳，综合评分为各项评分的综合。90 分以上优秀，75≤分数<90 良好，60≤分数<75 合格，60 分以下不合格。

考核项目	考核标准	得分	考核项目	考核标准	得分
综合素质(40 分)			专业技能(60 分)		
专业知识(15 分)	禽场场址选择的原则；场址选择的自然条件和社会条件要求。		资料收集(30 分)	能主动了解、测量分析报告中各相关内容。	
工作表现(15 分)	态度端正；团队协作精神强；质量安全意识强；记录填写规范正确；按时按质完成任务。		数据填报(10 分)	能认真填报评价报告单中的数据。	
学生互评(10 分)	根据小组代表发言、小组学生讨论发言、小组学生答辩及小组间互评打分情况而定。		实施成果(20 分)	能较详细、正确地填写分析报告中所有指标，总结有条理，见解鲜明清晰。	

综合分数：______分　　优秀(　)　　良好(　)　　合格(　)　　不合格(　)

二、综合考核评语

（该学生是否掌握了该岗位的专业知识、专业技能及掌握程度，能否通过该岗位技能考核）

老师签字：

日　　期：

说明：此表由校内教师或者企业指导教师填写。

工作任务二　禽场的布局与建造

【任务描述】

在选定的场址上进行规划设计，明确禽场各种建筑物的功能和相对的位置关系，设计出布局合理、利于生产、便于防疫的规模化养禽场。

【任务情境】

提出不同禽场的规划、设计与布局，实施良好的规划布局可以使养禽场内产生的粪便污水得到无害化处理和再利用，减少对周边环境的污染，做到环保绿色循环的养殖方式，大大降低家禽疫病的发病率和死亡率，杜绝重大疫病的发生，提高标准化养殖效率，降低养殖风险，提高经济效益。

【任务实施】

一、禽场的规划布局

禽场主要包括管理区、生产区和隔离区等，根据卫生防疫、工作方便需求，结合场地地势和当地全年主风向，从上风向到下风向顺序安排以上各区。管理区应设在全场的上风向和地势较高地段，依次为生产区、隔离区（图 1-2-1 和图 1-2-2）。

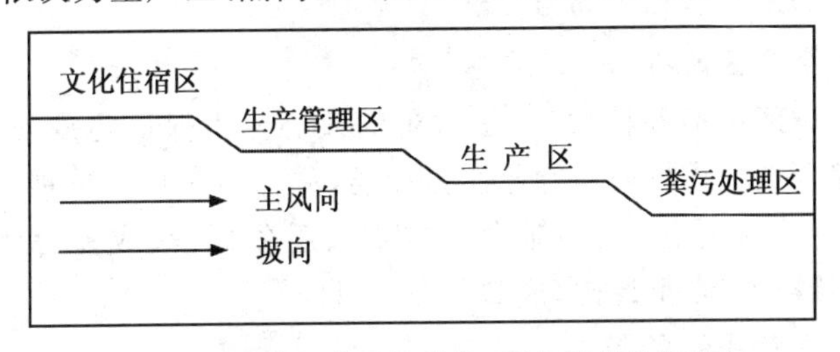

图 1-2-1　禽场布局按地势、风向的优先顺序

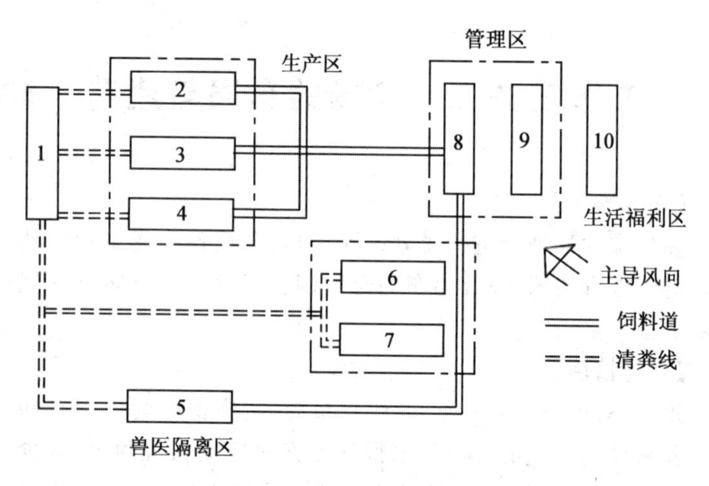

图 1-2-2　某鸡场区域规划示意图

1.粪污处理　2,3,4.产蛋鸡舍　5.兽医隔离区　6,7.育雏、育成舍　8.饲料加工　9.料库　10.办公生活区

(一)管理区的功能与要求

包括行政和技术办公室、饲料加工及料库、车库、杂品库、更衣消毒和洗澡间、配电房、水塔、职工宿舍、食堂、娱乐场所等,是担负禽场经营管理和对外联系的场区,应设在与外界联系方便的位置。

(二)生产区的布局与要求

1.生产区的布局

生产区包括各种禽舍,是禽场的核心。为保证防疫安全,无论是综合性养禽场还是专业性养禽场,禽舍的布局应根据主风方向与地势,按孵化室、幼雏舍、中雏舍、后备禽舍、成禽舍顺序设置。即孵化室在上风向,成禽舍在下风向。

2.生产区的要求

(1)孵化室与场外联系较多,宜建在场前区入口处的附近。

大型禽场可单设孵化场，设在整个养禽场专用道路的入口处；小型禽场也应在孵化室周围设围墙或隔离绿化带。

(2)育雏区或育雏分场与成禽区应隔一定的距离防止交叉感染。综合性禽场雏禽舍功能相同、设备相同时，可在同一区域内培育，做到全进全出。因种雏与商品雏培育目的不同，必须分群饲养，以保证禽群的质量。

(3)综合性禽场，种禽群和商品禽群应分区饲养，种禽区应放在防疫上的最优位置，两个小区中的育雏育成禽舍又优于成年禽的位置，而且育雏育成禽舍与成年禽舍的间距要大于本群禽舍的间距，并设沟、渠、墙或绿化带等隔离障。

(4)各小区内的运输车辆、设备和使用工具要标记，禁止交叉使用；饲养管理人员不允许互串饲养区。各小区间既要联系方便，又要有防疫隔离。一般情况下，育雏舍、育成舍和成禽舍三者的建设面积比例为1∶2∶3。

(三)隔离区的功能与要求

隔离区包括病死禽隔离、剖检、化验、处理等房舍和设施，粪便污水处理及贮存设施等，应设在全场的下风向和地势最低处，且隔离区与其他区的间距不小于50 m；病禽隔离舍及处理病死禽的尸坑或焚尸炉等设施，应距禽舍300 m以上，周围应有天然的或人工的隔离屏障，设单独的通路与出入口，尽可能与外界隔绝；贮粪场要设在全场的最下风处，对外出口附近的污道尽头，与禽舍间距不小于100 m，既便于禽粪由禽舍运出，又便于运到田间施用。

二、禽场的公共卫生设施

1.消毒设施

禽场的大门口应设置消毒池，以便对进场的车辆和人员进行消毒。生活管理区进入生产区通道处设置消毒池、紫外线灯照射、喷雾等立体消毒设施。每栋舍的门口也设置消毒池，用浸过消毒液的脚垫放在池内，供进出人员消毒鞋底。

2. 禽场道路

生产区的道路应设置净道和污道，利于卫生防疫。生产联系、运送饲料和产品使用净道，运送粪便污物、病死禽使用污道；净道和污道不得交汇。场前区与隔离区应分别设与场外相通的道路。场内道路材料可根据实际情况选用柏油、混凝土、砖、石或焦渣等均可。通行载重汽车并与场外相连的道路需 3.5～7 m，通行电瓶车、小型车、手推车等场内用车辆需 1.5～5 m。

3. 禽场排水

一般可在道路一侧或两侧设排水沟，沟壁、沟底可砌砖石，也可将土夯实做成梯形或三角形断面。排水沟最深处不应超过 30 cm，沟底应有 1%～2%的坡度，上口宽 30～60 cm。隔离区要有单独的下水道将污水排至场外的污水处理设施。

4. 场区绿化

进行禽场规划时，必须规划出绿化地，其中包括防风林、隔离林、行道绿化、遮阳绿化、绿地等。以防病原微生物通过鸟粪等杂物在场内传播，场区内除道路及建筑物之外全部铺种草坪，还可起到调节场区内小气候、净化环境的作用。

三、禽舍的设计

（一）鸡舍的设计

1. 鸡舍的朝向

鸡舍朝向以坐北朝南最佳。在找不到朝南的合适场址时，朝东南或朝东的也可以考虑，但绝对不能在朝西或朝北的地段建造鸡舍。

2. 鸡舍的布局

各鸡舍应平行整齐排列，鸡舍与鸡舍之间留足采光、通风、消防、卫生防疫间距。一般情况下，鸡舍间的距离以不小于鸡舍高度的 3～5 倍可满足要求。

3. 鸡舍的长度

鸡舍的长度取决于整批转入鸡舍的鸡数、鸡舍的跨度、机械化的水平与设备质量。按建筑规模，鸡舍长度一般为 66 m、90 m、120 m；中小型普通鸡舍为 36 m、48 m、54 m。

4. 鸡舍的跨度

鸡舍的跨度一般要根据屋顶的形式、内部设备的布置及鸡舍类型等决定。笼养鸡舍要根据鸡笼排的列数，并留有适宜的走道后，方可决定鸡舍的跨度。一般以 6～9 m 为宜；采用机械通风跨度可达 9～12 m。

5. 鸡舍的高度

跨度不大、平养、气候不太热的地区，鸡舍不必太高，一般从地面到屋檐口的高度为 2.5 m 左右；而跨度大、夏季气温高的地区，又是多层笼养，可增高到 3 m 左右。

6. 鸡舍的屋顶

在气温较高、雨量较多的地区，屋顶的坡度宜大些，但任何一种屋顶都要求防水、隔热和具有一定的负重能力。屋顶两侧的下沿应留有适当的檐口，以便于遮阴挡雨。

7. 鸡舍的墙壁

墙壁是鸡舍的围护结构，要求防御外界风雨侵袭、隔热性良好，为舍内创造适宜的环境。墙外面用水泥抹缝，内墙用水泥或白石灰盖面，以便防潮和利于冲刷。

8. 鸡舍的地面

地面要求高出舍外地 30 cm，防潮，平坦。在地下水位高及比较潮湿的地区，应在地面下铺设防潮层（如石灰渣、炭渣、油毛毡等）。在北方的寒冷地区，如能在地面下铺设一层空心砖，则更为理想。

9. 鸡舍的门窗

鸡舍的门宽一般单扇门高 2 m、宽 1 m；双扇门高 2 m、宽

1.6 m(2 m×0.8 m)。网上或地面养鸡,在南北墙的下部一般应留有通风窗,窗的尺寸为 30 cm×30 cm,并在内侧蒙上铅丝网和设有外开的小门,以防禽兽入侵和便于冬季关闭。

10. 鸡舍的通道

通道的位置也与鸡舍的跨度大小有关,跨度小的平养鸡舍,常将通道设在北侧,其宽约 1 m;跨度大的鸡舍,可采用两走道,甚至是四走道。

(二)水禽舍的设计

1. 育雏舍

育雏舍以容纳 500～1 000 只水禽为宜,应隔成 5～10 个小间,每小间可容纳 3 周龄以内的水禽 100 只,要求舍檐高 2～2.5 m。前 3 周的饲养密度分别为 12～20 只/m^2、8～15 只/m^2、5～10 只/m^2。育雏舍长一般为 40～50 m,舍宽为 7～8 m。采光系数(窗与地面面积之比)为 1∶(10～15),南窗离地面 60～70 cm;北窗面积为南窗的 1/3～1/2,离地面 1 m 左右。

2. 育肥舍

育肥舍内可设计成棚架,分若干小栏,每小栏 10～15 m^2,可容纳中等体型育肥水禽 70～90 只。也可不用棚架,水禽直接养在地面上,但须每天清扫,常更换垫草,并保持舍内干燥。

3. 种禽舍

水禽舍走道应设在北侧,种禽舍要求防寒、隔热性能好,有天棚或隔热装置更好。每栋种禽舍以养 400～500 只种用水禽为宜。禽舍内分隔成 5～6 个小间,每小间饲养 70～90 只种禽。

4. 舍外运动场

水禽舍的陆上运动场一般应为舍内面积的 2～2.5 倍,水上运动场与陆上运动场的面积几乎相等,或至少有陆上运动场面积的 1/2,水深要求为 80～100 cm。水禽舍地面设排水沟。还需设计产蛋间(栏)或安置产蛋箱。

【知识链接】

建筑设计图的种类

1. 总平面图

它表明一个工程的总体布局，主要表示原有和新建禽舍的位置、标高、道路布置、构筑物、地形、地貌等。作为新建禽舍定位、施工放线、土方施工及施工总平面布置的依据。

2. 平面图

禽舍建筑的平面图，就是一栋禽舍的水平剖视图。主要表示禽舍占地大小，内部的分割，房间的大小，通道、门、窗、台阶等局部位置和大小，墙体的厚度等。一般施工放线、砌砖、安装门窗等都用平面图。

3. 立面图

表示禽舍建筑物的外观形式、装修及使用材料等。一般有正、背、侧三种立面图。立面图应与周围建筑物协调配合。

4. 剖面图

主要表明建筑物内部在高度方面的情况，如房顶的坡度、房间的门窗各部分的高度，如图 1-2-3 所示。同时也可表示出建筑物所采用的形式。剖面图的剖面位置，一般选择建筑内部有代表性、空间变化比较复杂的位置。

在禽舍的平面图中被切到的部分的轮廓线一般用粗实线表示，而未被切到但可见的部分，其轮廓线用细实线表示。为了表明建筑物平面图或剖面图所切面的位置，一般在另一张图纸上画切面位置线。

5. 详图

某些建筑构件的细致结构，如用上述图不能明确表示出的，则另绘制放大的各类尺寸详细图纸，使其清晰详细，便于施工，称为详图，也称大样。

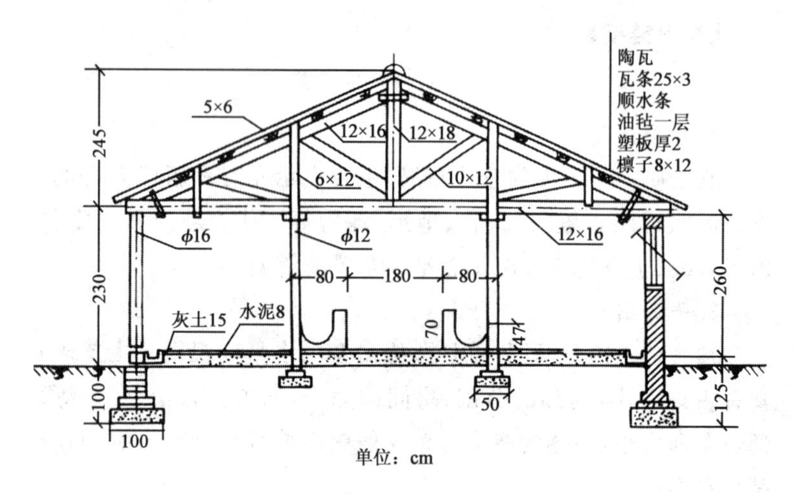

图 1-2-3　A-A 剖面图

【提交作业】

某鸡场饲养 10 万只肉用仔鸡，场址地形为长方形，每栋鸡舍饲养 5 000 只肉用仔鸡，饲养方式是网上平养，肉仔鸡的饲养密度为 10 只/m^2。请合理布局鸡场的管理区、生产区、生活区和隔离区；根据鸡场组织机构、福利用房、附属用房设计管理区用房数量和建筑总面积；根据饲养规模、饲养方式、饲养密度计算生产区鸡舍建筑面积；根据肉用仔鸡发病规律设计隔离区，并计算其建筑面积；运用所学知识绘制肉用仔鸡场的总平面布局图。

【任务评价】

工作任务评价表

班　级		学号		姓名	
企业（基地）名称		养殖场性质		岗位任务	禽场的布局与建造

续表

一、评分标准

说明：考核共5项，总分100分；分值越高表明该项能力或表现越佳，综合评分为各项评分的综合。90分以上优秀，75≤分数＜90良好，60≤分数＜75合格，60分以下不合格。

考核项目	考核标准	得分	考核项目	考核标准	得分
综合素质（55分）			专业技能（45分）		
专业知识（15分）	禽场分区原则和要求；禽场建筑物布局的原则；场区绿化美化的原则；饲养面积、饲养密度和器具数量的计算；建筑识图的基本知识。		三区位置和建筑面积（20分）	管理区、生产区和隔离区各建筑物没有缺漏；建筑位置符合地势和主风向；建筑总面积设计没有较大误差。	
工作表现（15分）	态度端正；团队协作精神强；质量安全意识强；记录填写规范正确；按时按质完成任务。		鸡舍布局（15分）	建舍排列整齐；场区地形利用合理；建舍朝向合理；舍间距合理。	
学生互评（10分）	根据小组代表发言、小组学生讨论发言、小组学生答辩及小组间互评打分情况而定。		附属用房（5分）	附属用房位置合理；面积合理。	
实施成果（15分）	设计围墙和场区大门及各区小门；建筑物间联系合理；设计卫生房舍；尺寸线规范；图注表述清楚。		道路和绿化（5分）	主干道或小路设计合理；净道和污道分设；绿化类别合理；选择苗木或花卉合理。	

综合分数：______分　　优秀（　）　　良好（　）　　合格（　）　　不合格（　）

二、综合考核评语

（该学生是否掌握了该岗位的专业知识、专业技能及掌握程度，能否通过该岗位技能考核）

老师签字：

日　　期：

说明：此表由校内教师或者企业指导教师填写。

工作任务三　禽舍的设备与利用

【任务描述】

根据不同品种、不同饲养方式、不同饲养阶段禽的生长特点及企业的生产规模，选择合适的禽舍设施。

【任务情境】

根据养禽场的生产规模、饲养方式、饲养阶段、饲养品种等为新建、扩建或改建的企业选择合适的禽舍设备。适宜的禽舍设备可以提升饲养管理水平、减少劳动力、提高生产率、降低生产成本，为企业带来经济效益。

【任务实施】

一、饲养设备及使用

（一）鸡笼设备

1. 全阶梯式鸡笼

蛋鸡生产多采用三层全阶梯鸡笼，种鸡生产为了人工授精操作方便多采用两层全阶梯式鸡笼。全阶梯式鸡笼的优点是各层笼敞开面积大，通风好，光照均匀；清粪作业比较简单；结构较简单，易维修；机器故障或停电时便于人工操作；缺点是饲养密度较低，为10～12只/m^2（图1-3-1）。

图1-3-1　全阶梯三层鸡笼

2. 半阶梯式鸡笼

半阶梯鸡笼饲养密度为15～17只/m^2，较全阶梯稍高。因挡粪板的阻碍，通风效果比全阶梯稍差(图 1-3-2)。

3. 层叠式鸡笼

常为 4～5 层，各层鸡笼均在一条垂直线上重叠安置，每层笼下有盛粪板或清粪传送带。商品蛋鸡可用此方式养殖(图 1-3-3)。

图 1-3-2 半阶梯三层鸡笼

图 1-3-3 层叠式鸡笼

(二)饮水设备

饮水设备常用的有乳头饮水器、真空式饮水器、水槽式、吊塔式饮水等。

1. 水槽式饮水器

水槽式饮水器多采用“V”形、“U”形，深度 50～60 mm，上口宽 50 mm(图 1-3-4)。

2. 乳头饮水器

乳头饮水器不易传播疾病，耗水量少，可免除刷洗工作，提高工作效率(图 1-3-5)。

3. 真空式饮水器

容量一般为 1～3 L，可供 50～100 只雏鸡饮用 1 d(图 1-3-6)。

4. 吊塔式饮水器

直径为 400 mm，槽深 40 mm，可供 90～100 只禽饮用(图 1-3-7)。

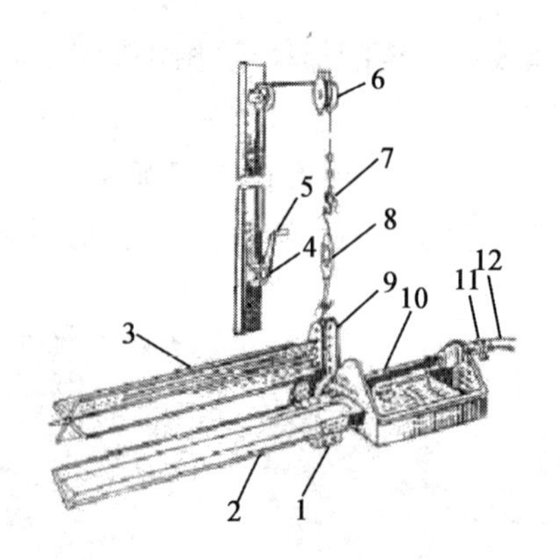

图 1-3-4　水槽式饮水器

1.托架　2.水槽　3.防栖轮　4.绞盘　5.手柄　6.滑轮　7.吊环　8.张紧器　9.支板　10.浮子室　11.软管卡　12.软管

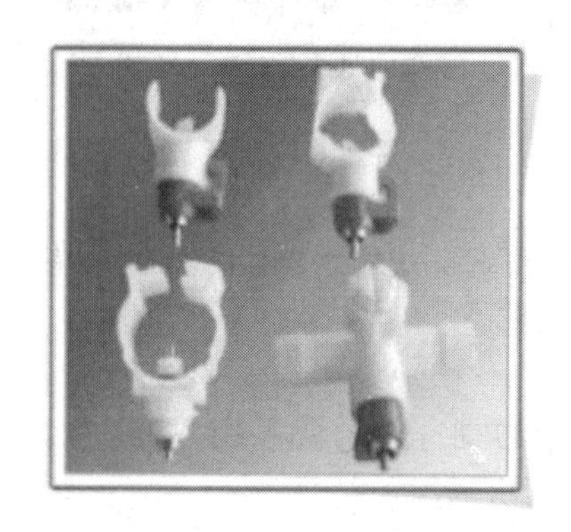

图 1-3-5　乳头饮水器

图 1-3-6　真空式饮水器

5.水禽专用饮水器

鸭、鹅水禽的扁喙不论从哪个角度一旦触及阀杆即有水从鸭嘴形外壳中流出水至水禽口中，一旦喙离开饮水器水即关闭(图 1-3-8)。

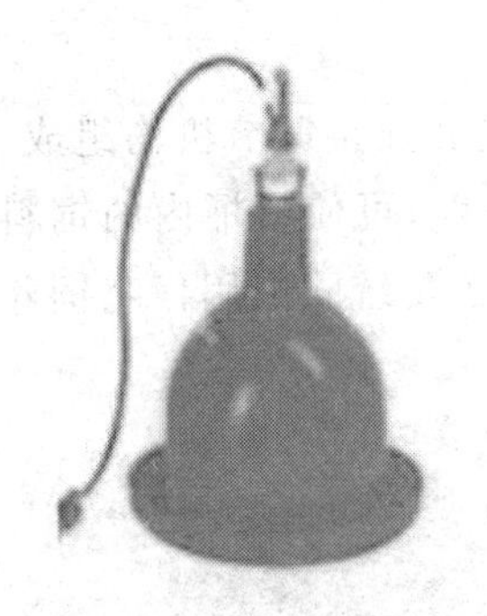
图 1-3-7 吊塔式饮水器

图 1-3-8 水禽专用饮水器

6. 杯式饮水器

饮水器呈杯状，与水管相连，缺点是水杯需要经常清洗，且需配备过滤器和水压调整装置(图 1-3-9)。

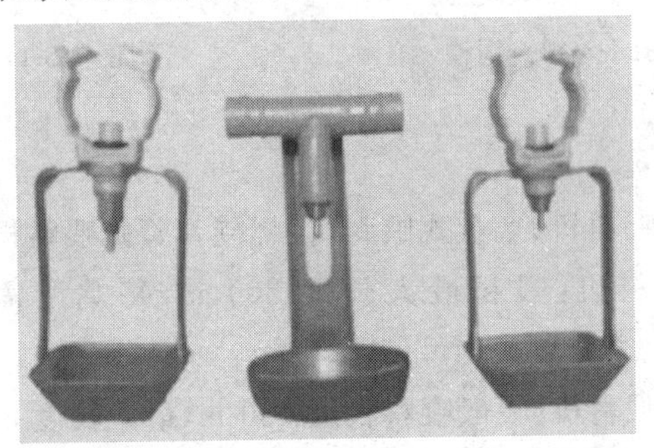
图 1-3-9 杯式饮水器

(三)喂料设备

1. 饲槽

采购时要根据家禽个体大小而制成长短不同，规格不一的长形饲槽，平养育雏时饲槽要有护沿，以免造成饲料的浪费(图 1-3-10)。

2.喂料桶

喂料桶由塑料制成的料桶、圆形料盘和连接调节机构组成。料桶与料盘之间有短链相接,留一定的空隙,可使料桶内的饲料靠自身重量不断落入到料盘中,主要应用于传统式肉用仔鸡饲养(图 1-3-11)。

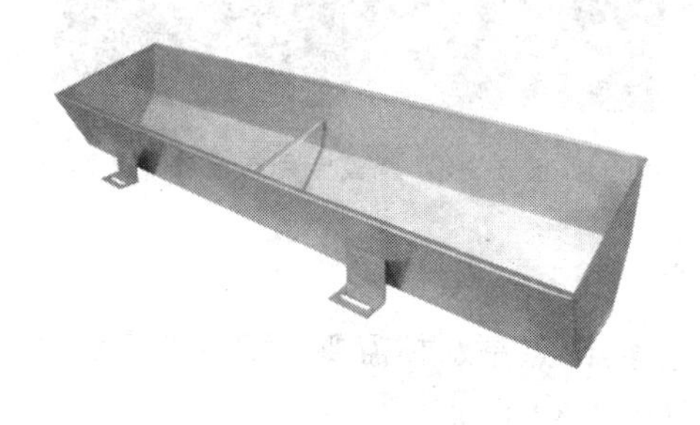

图 1-3-10 饲槽

图 1-3-11 喂料桶

3.喂料机

有链式喂料机、塞盘式喂料机、螺旋弹簧式喂料机。

链式喂料机:喂料最大长度 300 m,每鸡所需槽位 10～12 cm,平养、笼养方式均可使用。

塞盘式喂料机:一般喂料长度 130 m,最大长度 500 m,平养、笼养方式均可使用(图 1-3-12)。

螺旋弹簧式喂料机:喂料长度可根据需求设定,可用于平养鸡、鸭、鹅的喂料(图 1-3-13)。

(四)清粪设备

机械清粪常用设备有刮板式清粪机和输送带式清粪机。刮板式清粪机用于双列鸡笼(图 1-3-14),输送带式清粪机常用于层叠式鸡笼,每层鸡笼下面均要安装一条输粪带(图 1-3-15)。

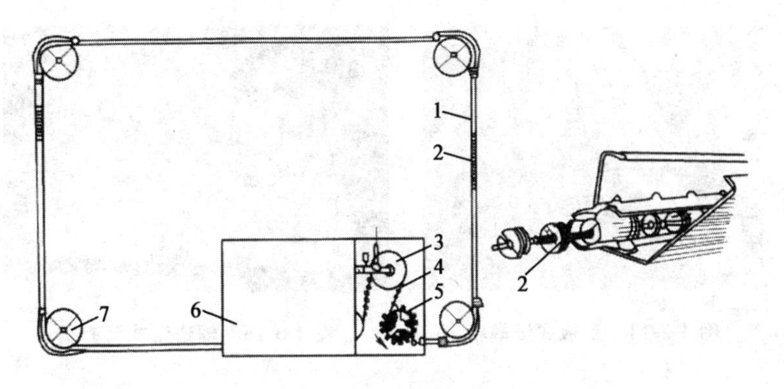

图 1-3-12　塞盘式喂料机

1.长饲槽　2.索盘　3.张紧轮　4.传动装置

5.驱动轮　6.料槽　7.转角轮

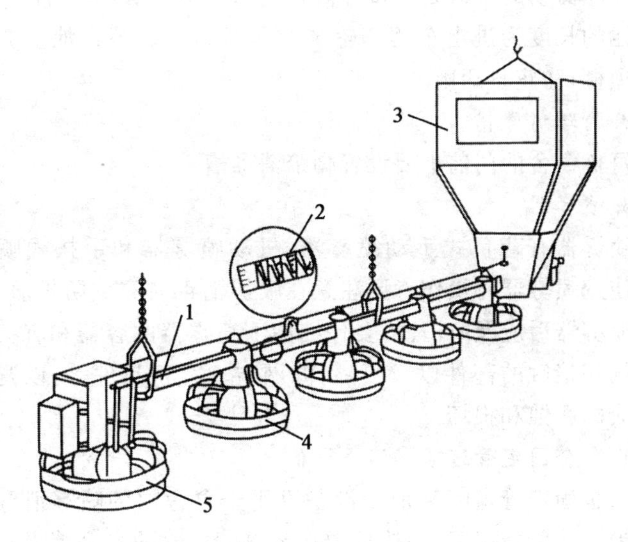

图 1-3-13　螺旋弹簧式喂料机

1.输料管　2.螺旋弹簧　3.料箱

4.盘筒式饲槽　5.带料位器饲槽

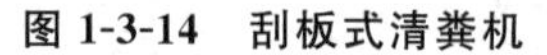
图 1-3-14　刮板式清粪机

图 1-3-15　输送带式清粪机

(五)消毒设施

1. 车辆消毒池

在养禽场的入口处和每栋禽舍的入口处要设置车辆消毒池。消毒池的长度为进出车辆车轮 2 个周长以上。消毒池上方最好建有顶棚,防止日晒雨淋。

2. 脚踏消毒槽

每栋禽舍的门前也要设置脚踏消毒槽。

3. 喷雾器

喷雾器有背负式手动喷雾器、机动喷雾器和手扶式喷雾车等。使用喷雾器时操作者要注意在喷雾消毒时穿戴防护服,每次使用喷雾器后应及时清洗,要仔细冲洗喷雾器的容器和有关与化学药剂相接触的部件以及喷嘴、滤网、垫片、密封件等,以避免残液造成的腐蚀和损坏。

4. 禽舍固定管道喷雾消毒设备

禽舍固定管道喷雾消毒设备可用于禽舍内的喷雾消毒和降低粉尘。一般情况下,一栋长 100 m、宽 12 m 的禽舍消毒一次仅需 1.5 min。

5. 紫外线灯管

将紫外线灯吊装在天花板或墙壁上,离地面 2.5 m 左右,通常以 6～15 m^3 空间用 1 只 15 W 紫外线灯为宜。养禽场入口消毒室如按照 1 W/m^3 配置紫外灯，其照射的时间不少于 30 min。如果配置紫外灯的功率大于 1 W/m^3，则照射的时间可适当缩短，但不能低于 20 min。紫外灯使用 2～3 年后应及时更新。

(六)孵化设备

孵化机的箱体一般都选用彩塑钢或玻璃钢板为里外板，中间用泡沫夹层保温，再用专用铝型材组合连接，箱体内部设有大直径混流式风扇对孵化设备内的温度、湿度进行搅拌，装蛋架均用角铁焊接固定后，利用涡轮涡杆型减速机驱动传动完成翻蛋动作，配有规格不同的专用蛋盘，装蛋后分层码放在装蛋铁架上，根据操作人员设定的技术参数，使孵化设备具备了自动恒温、自动控湿、自动翻蛋与合理通风换气的全套自动功能，保证了受精禽蛋的孵化率(图 1-3-16)。

图 1-3-16　孵化设备

(七)其他设备

1. 机械集蛋设备

传送带集蛋系统(图 1-3-17)鸡蛋由笼内滚入流蛋槽内，落到输送带上。分集蛋线的运转速度每分钟为 1～2 m。阶梯式笼养的分集蛋线通向总集蛋线要经过 5～6 m 的坡度(30°角)衔接。或采用垂直升降的机械设备也可。这种集蛋方式可大幅度提高劳动效率，节省劳动力，但破损率较高。

2. 断喙器

现多数鸡场采用可控温、控速的电热断喙器(图 1-3-18)，在断喙的同时，高温灼烧可起消毒和止血的作用。

图 1-3-17　传送带集蛋系统

图 1-3-18　电热断喙器

二、环境控制设备及使用

（一）通风降温设备

1. 风机

既有通风换气功能，又有降温功能（图 1-3-19）。

2. 电风扇

有吊扇和圆周扇两种。使用时将其安装在顶棚或墙内侧壁上，将空气直接吹向鸡体，天气干燥时配以地面洒水或空中喷雾水，降温效果更好。

3. 湿帘-风机降温系统

系统由纸质或铝质波纹多孔湿帘（图 1-3-20）、湿帘冷风机、水循环系统及控制装置组成。空气通过湿帘进入鸡舍，可降低进入鸡舍空气的温度，起到降温的效果。一般可降低舍内温度 5～8℃，但空气湿度达到饱和时，降温效果不明显。

4. 降温喷雾系统

由高压泵、高压水过滤器、高压水管、雾化喷嘴及控制单元组成。水经过高压装置传到禽舍各个角落，经过喷嘴雾化喷射到整个空间(图 1-3-21)。

图 1-3-19 风机

图 1-3-20 湿帘外观

图 1-3-21 降温喷雾现场

(二)光照设备

开放式鸡舍以自然采光为主，辅以人工照明；封闭式鸡舍以人工照明为主。目前生产的 10 W 的 LED 节能灯可代替 40 W 的普通日光灯。光照强度在不同鸡群不同，一般光照强度应以 5～10 lx 为宜，鸡舍面积 4 W/m^2 的照明即相当于 10 lx 的照度。灯泡高度 2～2.5 m，灯间距的 3～4 m，呈梅花状排列。

(三)供暖设备

1. 煤炉

煤炉上设置炉管,通向室外,将室内煤烟及煤气排出室外,炉管在室外的开口要根据风向设置,以免迎风致煤炉倒烟(图 1-3-22)。每 15～20 m^2 面积采用一个煤炉即可达到雏禽所需要的温度。

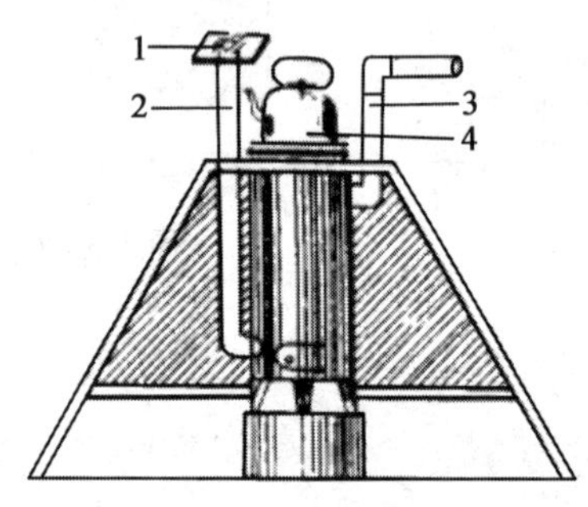

图 1-3-22　煤炉

1. 玻璃板　2. 进气管　3. 出气管　4. 水壶

2. 红外线灯

平面育雏常用,灯泡功率一般 250 W,悬挂在离鸡背 35～55 cm 高处,高度可根据育雏温度调节,一盏灯可供 100～250 只雏鸡使用,也可几盏灯合并使用(图 1-3-23)。

3. 电热育雏伞

电热育雏伞呈圆锥塔或方锥塔形,上窄下宽,直径分别为 30 cm 和 120 cm,高 70 cm。伞内有一圈电热丝,伞壁与地面 20 cm 左右处挂温度计了解育雏温度,通过调整伞离地面的高度控制育雏温度(图 1-3-24)。每伞可育雏 300～500 只雏鸡或 300～400 只雏鸭。

4. 热风炉

有燃油热风炉、燃煤热风炉和燃气热风炉三种。

图 1-3-23　红外灯育雏器

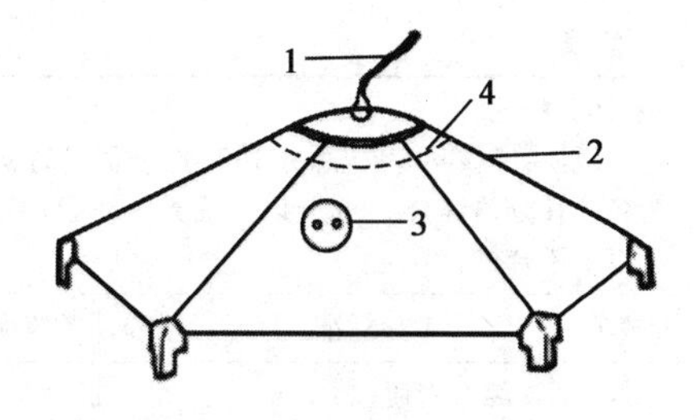

图 1-3-24　电热保温伞

1. 电源线　2. 保温伞

3. 调节器　4. 电热丝

5. 太阳能空气加热器

是利用太阳辐射热能加热进入禽舍空气的一种新型防寒保暖设备。

6. 远红外辐射加热器

育雏时多用板式远红外辐射加热器，长 24 cm，宽 16 cm，功率 800 W。一般 50 m^2 育雏室用该板一块，挂于距离地面 2 m 高处，辐射面朝下。当辐射面涂层变为白色时，应重新涂刷。

【提交作业】

实地测量家禽生产企业的一栋禽舍，列出所需的各种养殖设施、环境控制设施数量、规格，具体安装位置，并给出相应的依据。查阅禽场的设备使用说明书，按照说明书进行设备的使用与维护。

【任务评价】

工作任务评价表

班　级		学号		姓名	
企业(基地)名称		养殖场性质		岗位任务	禽场的设备与利用

续表

一、评分标准

说明：考核共5项，总分100分；分值越高表明该项能力或表现越佳，综合评分为各项评分的综合。90分以上优秀，75≤分数＜90良好，60≤分数＜75合格，60分以下不合格。

考核项目	考核标准	得分	考核项目	考核标准	得分
综合素质(55分)			专业技能(45分)		
专业知识(15分)	禽场各仪器设备的使用方法；仪器设备的工作模式；禽场环境控制要求；禽舍设备与利用时需要考虑的环境参数。		设备的选择(20分)	根据所在企业的现状，列出所需的各种环境控制设施、养殖设施数量、规格。	
工作表现(15分)	态度端正；团队协作精神强；质量安全意识强；记录填写规范正确；按时按质完成任务。		设备的使用与维护(20分)	根据设备使用说明书，正确使用禽场的各种设施，并进行正确的维护。	
学生互评(10分)	根据小组代表发言、小组学生讨论发言、小组学生答辩及小组间互评打分情况而定。				
实施效果(15分)	设备选型正确；设备使用合理；会进行设备的简单安装与维护；针对禽场设备选择与使用中存在的不足提出改进措施。		分析讨论(5分)	根据禽场的生产情况，分析禽场设备选择与使用中存在的不足。	

综合分数：______分　　优秀（　）　　良好（　）　　合格（　）　　不合格（　）

二、综合考核评语

（该学生是否掌握了该岗位的专业知识、专业技能及掌握程度，能否通过该岗位技能考核）

老师签字：

日　　期：

说明：此表由校内教师或者企业指导教师填写。

工作任务四　禽场的环境控制

【任务描述】

根据不同饲养阶段禽对采光、温度、湿度、通风以及禽场控制质量、水分等要求，测定相应指标，并分析测定结果，对环境进行调控。

【任务情境】

良好的养殖环境是提高饲养水平、禽产品品质及经济效益的有效保证，在养禽场对禽场及禽舍的环境进行监测，根据监测结果分析养禽场的环境状况，并给养禽场提出改进意见，提高企业的饲养管理水平和经济效益。

【任务实施】

一、禽场的环境要求

(一)有害气体的测定

1.氨的测定

(1)采样　用10 mL移液管向U形气泡吸收管加入10 mL 0.005 mol/L H_2SO_4，将其正确地接到采样器上，接通电源，把大气采样器计时旋钮按反时针转向拨至5～10 min，并迅速调整转子流量计至0.5 L/min，记录采样体积(V_t)，同时记录采样点的温度及大气压力。采样后，样品在室温下保存，于24 h内分析。

(2)滴定　采样结束后，用洗耳球将U形管中的液体吹到锥形瓶中，加入0.5%酚酞指示剂1～2滴，用0.01 mol/L NaOH滴定至出现微红色并在1～2 min内不褪色，记录NaOH用量(A_1)。

(3)硫酸的标定　用10 mL移液管吸取0.005 mol/L H_2SO_4

10 mL 置三角瓶中，滴入 1～2 滴酚酞指示剂，用 0.01 mol/L NaOH 滴定至出现微红色并在 1～2 min 内不褪色，记录 NaOH 用量(A_2)。

(4)计算

$$NH_3(mg/m^3)=\frac{(A_2-A_1)\times 0.17}{V_0}\times 1\ 000$$

$$V_0=V_t\times\frac{273}{273+t}\times\frac{p}{101.35}$$

式中：A_1、A_2—滴定 H_2SO_4 吸收液和标定 H_2SO_4 时 NaOH 用量，mL；0.17—1 mL 0.005 mol/L H_2SO_4 可吸收 0.17 mg NH_3；V_0—换算成标准状况下的采样体积，L；V_t—现场状态下的采样体积，L；p—采样时的大气压力，kPa；t—采样时的温度，℃。

2. 硫化氢的测定

(1)采集被检空气的装置与氨的测定相同。将两吸收管中各盛碘液 20 mL。

(2)用 CD-1 型携带式大气采样器，以流速 1 L/min 左右，采气 40～60 L。

(3)采气完毕，将两支吸收管中已吸收了 H_2S 的碘液，全部倒入锥形瓶中，经充分混合后，吸取 10 mL 于 50 mL 锥形瓶中，加入淀粉液 0.5 mL，振荡后用 0.005 mol/L 硫代硫酸钠滴定至完全无色为止，记录硫代硫酸钠的用量(b)。

(4)另取 10 mL 未吸收过 H_2S 的 0.1 mol/L 碘液于锥形瓶中，按上述方法滴定，记录硫代硫酸钠的用量(a)。

(5)计算

$$X=\frac{(a-b)\times n\times 0.34}{V_0}\times 1\ 000$$

式中：X—空气中硫化氢的浓度，mg/m^3；a—空白滴定时硫代硫酸钠的用量，mL；b—滴定吸收 H_2S 后的硫代硫酸钠的用量，mL；

n—滴定时所吸收的碘液，改算为总量时的倍数，如取 20 mL，即为总量的 1/2，以 2 乘之；0.34—1 mL 碘液相当于 0.34 g H_2S；V_0—换算成标准状况下的采样体积，L。

3. 二氧化碳的测定

(1)采样　取 1 只喷泡式吸收管，在上端近口装一乳胶管，连接到钠石灰管上，用二联球排出内部原有气体，然后迅速从装有 $Ba(OH)_2$ 液的二氧化碳分析仪器中向喷泡式吸收管放入 20 mL $Ba(OH)_2$。把吸收液侧面管口接到大气采样器上，打开胶管夹，按氨气采气操作方法采样 2 L。采样结束后，取下吸收管，静置 1 h，取样滴定。采样时应同时记下气温和气压。

(2)$Ba(OH)_2$ 的标定　把 CO_2 滴定器的滴定装置开口与钠石灰管相连，驱除其中空气，然后在 CO_2 分析仪器中迅速加入 5 mL $Ba(OH)_2$ 液(A_1)和 1 滴酚酞指示剂，使溶液呈红色，迅速盖上带滴定管的瓶塞，在上部小滴定管中加入草酸标准液(切勿超过上刻度)进行滴定，直至红色刚褪为止，记下草酸用量(C_1)。

(3)吸收液的滴定　用移液管吸取沉淀后的吸收液上清液 9～10 mL，迅速而准确地将其中的 5 mL(A_2)移入滴定装置的小三角瓶中，使溶液恢复红色。再继续用草酸滴定(滴定管中的草酸不足时可以补加)，使红色再次消退，记下草酸标准液的消耗量(C_2)。

(4)计算

$$CO_2(\%)=\frac{(C_1/A_1-C_2/A_2)\times 20\times 0.509}{V_0}\times 100\%$$

式中：A_1、A_2—吸收 CO_2 前后标定和滴定 $Ba(OH)_2$ 时的取液量，mL；C_1、C_2—标定和滴定 $Ba(OH)_2$ 时草酸标准液的消耗量，mL；V_0—换算成标准状况下的采样体积，mL；20—吸收液的用量；0.509—CO_2 由重量换算为容量的系数。

(二)禽场水质监测

1. 水样总硬度的测定

(1)吸取 50 mL 水样(若硬度过大,可少取水样用蒸馏水稀释至 50 mL;若硬度小,改取 100 mL),置于 150 mL 三角瓶中。

(2)若水样中含有金属干扰离子使滴定终点延迟或颜色发暗,可另取水样,加入 0.5 mL 盐酸羟胺溶液及 1 mL 硫化钠溶液。

(3)加入 1~2 mL 缓冲液及 5 滴铬黑 T 指示剂(或一小勺固体指示剂),立即用 EDTA-Na_2 标准溶液滴定,充分振摇,至溶液由紫红色变为蓝色,即表示到达终点。

(4)计算

$$C=[(V_1\times 0.0100\times 100.09)/1000]\times 1000\times(1000/V_2)=(V_1\times 100.09)/V_2$$

式中:C—水样的总硬度($CaCO_3$),mg/L;V_1—EDTA-Na_2 溶液的消耗量,mL;V_2—水样体积,mL。

2. 氨氮检验

(1)吸取 50 mL 水样于 50 mL 比色管中。

(2)另取 50 mL 比色管 10 支,分别加入氨氮标准溶液 0,0.1,0.3,0.5,0.7,1.0,3.0,5.0,7.0 及 10.0 mL,用蒸馏水稀释至 50 mL。

(3)向水样及标准管内分别加入 1 mL 酒石酸钾钠溶液,混匀,再分别加入 1.0 mL 纳氏试剂,混匀后放置 10 min,420 nm 波长下,1 cm 比色杯,以蒸馏水作为参比,测定吸光度;如氨氮含量低于 30 μg,改用 3 cm 比色杯;低于 10 μg 的氨氮可用目视比色。

(4)绘制标准曲线,以氨氮含量(μg)为横坐标,吸光度为纵坐标绘制标准曲线。目视时比色记录水样中相当于氨氮标准的含量。

(5)计算

$$c=M/V$$

式中：c—水样中氨氮(N)的浓度，mg/L；M—从标准曲线上查得的样品管中氨氮的含量(或相当于氨氮标准的含量)，μg；V—水样体积，mL。

二、禽舍的环境调控

(一)气温的测定(玻璃液体温度计测定法)

气温的表示方法一般用摄氏(℃)和华氏(℉)温度。摄氏温度以冰点为0℃，沸点为100℃，中间分为100等份；华氏温度以冰点为32℉，沸点为212℉，中间分为180等份。摄氏和华氏温度的换算公式如下：

℃＝(℉－32)×5/9 或(℉－32)÷1.8

℉＝℃×9/5＋32 或℃×1.8＋32

测定步骤：

(1)将温度计悬挂在被测地点，经5～10 min后读数。读数时视线应与温度计标尺垂直，水银温度计按凸出弯月面最高点读数，酒精温度计按凹月面的最低点读数。读数应快速准确，以免人的呼吸气和人体热辐射影响读数的准确性。先读小数位，后读整数位。舍内温度测定的位置一般在禽舍的中央0.2 m。

(2)为了了解舍内各部位的温度差和平均舍温，应尽可能多设观测点，以测定其水平温差和垂直温差。一般在水平上可采用三点斜线或五点梅花形测定点方法，即除舍中央测点外，沿舍内对角线于舍两角取2点共3个点，或在舍四角取4个点共5个点进行测定。除舍中央点外，其余各点应设在距墙面0.25 m处。在每个点又可设垂直方向3个点，即距地面0.1 m处，舍高度的1/2处和天棚下0.2 m处。此外，根据需要还可选择不同位置进行测定。

(3)零点位移误差的订正。由于玻璃热后效应,玻璃液体温度计零点位置应经常用标准温度计校正,如零点有位移时,应把位移值加到读数上。

(4)计算

$$T_{实} = T_{测} + d$$
$$d = a - b$$

式中:$T_{实}$—实际温度,℃;$T_{测}$—测得温度,℃;d—零点位移;a—温度计所示零点,℃;b—标准温度计校准的零点位置,℃。

(二)气湿的测定

1.干湿球温度计用法

(1)湿球温度计纱布润湿后固定于测定地点15~30 min后,观察两者的温度。先读湿球温度,再读干球温度,计算两者的差数。

(2)转动干湿球温度计上的圆滚筒,在其上端找出干、湿球温度的差数。

(3)在实测干球温度的水平位置作水平线与圆筒竖行的湿差相交点读数,即相对湿度百分数。

2.通风干湿球温度计用法

(1)吸管吸取蒸馏水送入湿球温度计套管盒,湿润温度计感应部的纱条。

(2)上满发条,如用电动通风干湿表则应接通电源,使通风器转动。夏季应在测量前15 min,冬季应在测量前30 min,将仪器放在测定点,使仪器本身温度与测定点温度一致。

(3)通风5 min后读干、湿温度计所示温度。读数时,先读干球温度后读湿球温度,先读小数后读整数。

(4)计算

$$e=E'-a(t-t')P$$

式中：e—水汽压，hPa；E'—湿球所示温度下的饱和水汽压，hPa；α—系数(因气流而定)；t—干球温度，℃；t'—湿球温度，℃；P—测定时的气压，hPa。

$$r=\frac{e}{E}\times 100\%$$

式中：r—相对湿度，%；e—水汽压，hPa；E—干球所示温度下的饱和水汽压，hPa。

(三)通风换气量的确定

禽舍风管通风量可用热球式电风速仪或叶轮风速仪直接测定，也可以由测定风管截面的面积与流经该截面上的气流平均速度相乘而求得，计算公式：

$$L=3\ 600\times FV$$

式中：L—风管截面的风量；F—风管面积，m^2；V—测定截面上的平均风速，m/s；3 600—1 h 等于 3 600 s。

截面上各点的气流速度是不相等的，往往管中心较大，靠近管壁处较小，所以应测得多个点的风速求其平均值。在实际测定时，根据风管截面的形状和大小的不同，确定测点的数目和测点的距离。叶轮风速仪贴近风机的格栅或网格送风口测平均风速时，通常采用下面两种方法。

(1)匀速移动测量法　将风速仪沿整个截面按一定的路线慢慢地匀速移动。适用于截面面积不大的风口。

(2)定点测量法　按风口截面大小，把它划分为若干面积相等的小块，在其中心处测量，较大截面积和矩形风口可选大小相等的9～12个小方格进行测量，较小的可选大小相等的5个点来测定。

【知识链接】

禽舍环境控制器的应用

环境控制器的核心理念，就是对禽舍内温度、湿度、通风等方面实现实时全自动控制以及对自动喂料、饮水的精确计量和光照的智能化控制，目的是为禽舍提供足够多的新鲜空气，排出过多的废气和有毒气体（氨气、二氧化碳等），保证禽舍内适宜的温度和湿度，来满足禽类生长的需求，最大限度地发挥禽类的生产潜能。

一、日常参数管理

1. 时钟和日龄的核对

经常核对环境控制器的时钟和日龄，保证准确无误，按时正确输入死淘数等禽舍参数。温湿度、通风量、水量、料量、光照时间这些控制量是随着时钟、日龄、存栏量的变化而变化的，保证这些参数的准确非常重要。

2. 温湿度的控制

温度的控制是一条从高到低的曲线，控温点的设定是设置某一时段的起点温度和终点温度，而在这个时间段内的控温点是随着时间的变化而从起点温度向终点温度逐渐变化的。例如，第1天的控温点是25℃，第2天的控温点是22.6℃，那么在这24 h内每小时温度变化量为(25－22.6)/24＝0.1℃/h，早上7点的控温点就是25－7×0.1＝24.3℃。湿度控制与温度不同，在一个时段内的湿度设定值是不变的，到了下一个时段才会发生变化。

3. 通风的大小和方式

通风有换气和降温两种工作方式，这两种工作方式参与通风的风机数量是不一样的，一般换气启动的风机数量要少于降温时启动的风机数量。通风系统工作在降温方式时，“风机＋湿帘”可以有效降低舍内温度，但是当外界湿度高于70％时采用湿帘降温的效果逐渐降低，这时应该关闭湿帘，增加启动风机数量，增大通风量，减少禽群的热应激。

4.外围设备的控制

环境控制器可以控制很多外围设备，在外围设备管理菜单里要把需要控制的外围设备设置有效而且设定好控制继电器才能正常工作，在外围设备管理菜单里不需要控制的外围设备不能设置有效，否则环境控制器无法正常工作。根据设定好的外围设备打开相对应的报警功能，出现报警现象时要及时处理。

二、硬件设施维护

1.保证禽舍良好的密封性

要发挥禽舍环境控制器最佳效果，保证禽舍良好的密封性是不可少的。

2.防雷和过流过压保护

环境控制器必须有防雷和过流过压保护，防止雷击或因供电不正常而造成控制电路损坏。控制器内部要保持干净，定期除湿除尘。温度传感器要定期检查，若温差超过1℃应及时校正，校对时将所有温度传感器探头放在一起，用标准温度计校对准确；湿度传感器的误差要超过3%，也需要用干湿温度计校对准确。

3.配备自动和手动控制功能

每台功能先进的环境控制系统都配有自动和手动控制功能。请定期检查环境控制系统的手动功能，确保在自动控制发生故障时，手动控制能正常工作，不影响日常生产，同时为修复自动控制系统赢得时间。

4.系统拆卸和绞龙维修

首先要断开整个系统的电源，再从基座中拔出固定装置和轴承组件以及大约45 cm长的绞龙，同时要用夹子或锁钳夹住绞龙防止弹回料管，最后再移去固定装置和轴承组件，小心移去锁钳。

调整时分别调整驱动电机和料斗上与铁链相连的"S"钩，以确保料斗与驱动电机连接的料管平直。

5. 及时清理灰尘和杂物

及时清理电机上面的灰尘及杂物。消毒冲洗禽舍时应保护好电机，以防进水。电机维修安装后应确保电机转向正确。

6. 定期维护过滤器

自动饮水系统的反冲式过滤器能去除自来水中机械杂物，保证饮水清洁，防止乳头饮水器堵塞。要定期维护，滤网有损坏时及时更换。

【提交作业】

为某养禽场测定水的质量，以及禽舍内氨、硫化氢、二氧化碳的含量，并根据计算结果进行分析禽场的环境质量；对禽舍内的温湿度、通风效果进行检测，分析测定结果，提出改进措施。

【任务评价】

工作任务评价表

班　级		学号		姓名	
企业(基地)名称		养殖场性质		岗位任务	禽场的环境控制

一、评分标准

说明：考核共 5 项，总分 100 分；分值越高表明该项能力或表现越佳，综合评分为各项评分的综合。90 分以上优秀，75≤分数<90 良好，60≤分数<75 合格，60 分以下不合格。

考核项目	考核标准	得分	考核项目	考核标准	得分
综合素质(40 分)			专业技能(60 分)		
专业知识(15 分)	影响禽舍空气质量的指标、产生原因及解决办法；养禽舍的采光、温湿度及通风要求。		禽场的环境控制(25 分)	根据禽场的情况，测定空气质量、水源质量，并进行结果分析。	

续表

考核项目	考核标准	得分	考核项目	考核标准	得分
工作表现（15分）	态度端正；团队协作精神强；质量安全意识强；记录填写规范正确；按时按质完成任务。		禽舍的环境控制（25分）	测定禽舍内的采光效果、温湿度、通风效果，并进行结果分析。	
学生互评（10分）	根据小组代表发言、小组学生讨论发言、小组学生答辩及小组间互评打分情况而定。		分析讨论（10分）	根据禽场测定结果，进行分析讨论，提出改进措施。	

综合分数：______分　　优秀（　）　　良好（　）　　合格（　）　　不合格（　）

二、综合考核评语

（该学生是否掌握了该岗位的专业知识、专业技能及掌握程度，能否通过该岗位技能考核）

老师签字：

日　　期：

说明：此表由校内教师或者企业指导教师填写。

项目二

家禽繁育员岗位技术

岗位能力

通过实训使学生具备种禽选择、种禽选配等岗位能力，能够完成种禽的选择与配种等工作。

实训目标

能结合鸡场所饲养品种的主要经济性状进行种公禽和种母禽的选择；能确定种公禽和种母禽的选种时间及适宜的公母选留比例；能根据养禽场的性质确定家禽自然交配的方式；能熟练做好笼养种鸡采精前的准备工作；能通过两人的协同操作顺利完成公鸡的采精输精。

工作任务一　种禽的选择

【任务描述】

对所在养鸡场，根据种鸡的外貌特征、身体发育状况以及配种能力进行种公鸡的选择，通过三个阶段的选择，最终选出合格的种公鸡；根据外貌特征、身体发育状况和产蛋能力选留出优良的种母鸡，并及时发现低产鸡和停产鸡，及早予以淘汰。

【任务情境】

校外实训基地双 A 或艾维茵父母代种鸡场，学生分成四组，按照种鸡的选择要求，对不同阶段的种鸡进行选择，并进行体尺测量。

【任务实施】

一、种鸡的选择

(一)种公鸡的选择与淘汰

原种鸡群公鸡选种，主要依据其系谱来源，直系及旁系亲属的生产性能的评定结果，后裔品质的测定结果，个体的体况评分，家系死淘记录等有效、可靠的数据统计资料。所以一般对种公鸡的选择是比较可靠的。而在祖代、父母代种鸡场饲养的鸡群中。因为没有可以用来作为选种参考的数据，所以只能在不同阶段根据公鸡的外部状态、健康情况进行选种，一般分三个阶段最终选出合格的种公鸡。

1. 第一阶段的选择

(1)选择时间　鸡 6～8 周龄，育雏结束时进行。

(2)选择方法　依据外貌特征进行选择，首先看外貌特征是否和本品种一致，然后选择体重大和发育良好者，如鸡冠鲜红、龙骨发育正常(无弯曲变形)、鸡腿无疾病、脚趾无弯曲等。淘汰外貌有缺陷者，如喙、胸部和腿部弯曲，嗉囊大而下垂，关节畸形，胸部有囊肿者，对体重过轻和雌雄鉴别有误的应淘汰。

(3)公、母比例　鸡 1∶(7～8)。

2. 第二阶段选择

(1)选择时间　鸡 17～19 周龄(肉用种鸡可推迟 1 周)结合

转群时进行。

(2)选择方法　依据身体发育状况和繁殖能力进行选择，选留身体健壮，发育匀称，体重符合标准，外貌符合本品种特征要求，雄性特征明显者，如鸡冠肉髯发育较大且颜色鲜红、羽毛生长良好、体型发育良好、腹部柔软。用于人工授精的公鸡，还应考虑公鸡性欲是否旺盛，性反射是否良好。

(3)公、母比例　平养自然交配公、母鸡比1∶(9～10)，人工授精公、母比1∶(15～20)。

3.第三阶段选择

(1)选择时间　鸡21～22周龄进行选留，中型种鸡、肉用型种鸡可推迟1～2周进行，结合转群时进行。

(2)选择方法　依据繁殖能力进行选择，淘汰性欲差、交配能力低以及精神不振的公鸡。用于人工授精的公鸡，选择性反射良好、乳状突充分外翻而鲜红、有一定精液量的公鸡。若经过几次训练按摩，精液量少，稀薄如水或无精液、无性反射的公鸡应予以淘汰。

(3)公、母比例　自然交配蛋用型鸡公、母比例为1∶(10～15)，肉用型鸡公、母比例为1∶(6～8)，人工授精公、母比1∶(20～30)。

(二)种母鸡的选择与淘汰

无论是留种还是生产，选择母鸡的主要原则应该是依照产蛋的多少。开产后的鸡群要求每隔一个月进行一次淘汰工作，以避免浪费饲料。

1.雏鸡的选择

(1)蛋用雏鸡的选择　选择时间：育雏结束时结合转群进行选择；选择方法：在体型外貌符合品种要求的基础上，选择健康无病、体重大小适中、羽毛生长速度快的鸡。淘汰体重过小、有病、外貌或生理上有残疾的个体。体重过大，将来产蛋低，应隔离限制饲养，待体重达到正常水平时可并群饲养，否则应予以淘汰。

(2)肉用雏鸡的选择　选择时间:6周龄达到上市体重时进行选择淘汰;选择方法:将生长速度快、体重较大、肌肉丰满、羽毛光泽、健康、精神饱满的个体留作种用,将体弱有病、有残疾的鸡只淘汰。

2. 育成鸡的选择

选择时间:在18～20周龄育成鸡转群时进行选择;选择方法:选留外貌特征明显,体型结构良好、身体健康的育成鸡,淘汰体重不足、有生理缺陷和有病的鸡。

3. 产蛋鸡的选择

(1)依据外貌选择　产蛋或不产蛋的鸡(包括产过蛋又休产的鸡)在外形上差别很大,先看头部:高产鸡头清秀,头顶宽、呈方形;眼大有神;冠和肉垂发育良好、鲜红喙短而宽,微变曲。观察胸背部:胸部宽深、向前突出,胸骨长直、微向后下方倾斜;背部宽直。观察并触摸腹部:腹大柔软,皮肤华润、富有弹性,反之,为低产鸡,及早予以淘汰。

(2)依据生理特征选择　操作者通过触摸法选留高产鸡:①用手触摸母鸡腹部,高产鸡腹部容积大,胸骨末端与耻骨之间的距离应在4指以上,耻骨与耻骨之间的距离应在3指以上;柔软有弹性、无硬块腹脂。②用手触摸鸡冠、肉垂时有温暖感。③正在产蛋的泄殖腔大,湿润、松弛,呈半开状,颜色发白;不产蛋的泄殖腔小而紧缩,有皱褶,干燥。不符合条件的予以淘汰。

(3)依据换羽迟早、快慢选择　高产鸡换羽晚,且换羽快,1～2个月换羽完成,或边换羽边产蛋,有些甚至不停产。低产鸡换羽较早,速度慢,更换时间长,需要3～4个月才能完全换羽,造成长期停产,应予以淘汰。

(4)根据行动和性情选择　高产鸡活泼好动,勤于采食,经常发出咯咯的叫声。低产鸡行动迟缓,安静,食欲不佳,应予以淘汰。

二、种鸭的选择

(一)种公鸭的选择

1. 第一阶段选择

选择时间:8～10 周龄进行选择。选择方法:依据外貌特征和身体发育状况进行选择,选择生长发育良好,重点选择体型大,符合本品种特征,羽毛生长快,无杂色羽毛,健壮,无生理缺陷的个体。

2. 第二阶段选择

选择时间:24～28 周龄进行选择。选择方法:依据身体发育状况和繁殖能力进行选择,选留体重符合标准,头大颈粗,眼大有神,喙宽而齐,身长体宽,羽毛紧密而有光泽,健康结实,第二性征明显、配种能力强的留种。公鸭经两次选择后,即可留作种用。

(二)种母鸭的选择

选择时间:8～10 周龄进行第一次选择;4～5 月龄进行第二次选择,该工作一直进行到 6～7 月龄开始配种为止。选择方法:依据外貌特征和身体发育状况进行选择。①蛋用型种母鸭:头中等大小,颈细长,眼亮有神,喙长而直,身长背阔,胸深腹圆,后躯宽大,耻骨开张,羽毛致密,两翼紧贴体躯,脚稍粗短,蹼大而厚,健康结实,体肥适中。②肉用型种母鸭:体型呈梯形,背略短宽,腿稍粗短,羽毛光洁,头颈较细,腹部丰满下垂,耻骨开张,繁殖力强。

三、种鹅的选择

(一)种公鹅的选择

1. 第一阶段选择

选择时间:鹅在育雏结束进行。选择方法:依据外貌特征和身体发育状况进行选择，选择生长发育良好，重点选择体型大，符合本品种特征，羽毛生长快，无杂色羽毛，健壮，无生理缺陷的个体。

2. 第二阶段选择

选择时间：10～12 周龄时进行。选择方法：鹅应选留体重符合标准、发育良好、健壮者，淘汰生长缓慢、体型较小和腿部有伤残的个体。选留比例：小型鹅 1∶(4～5)，中型鹅1∶(3～4)，大型鹅 1∶2。

3. 第三阶段选择

选择时间：鹅一般在开产前进行选择。选择方法：选留具有本品种特征、发育良好、体重较大、体型结构匀称、健壮、雄性特征明显的留作种用。

(二)种母鹅的选择

1. 第一阶段选择

选择时间：在 70～80 日龄进行。选择方法：依据生长发育情况和外貌特征进行种母鹅的选择，选择生长发育快、体重大、健康状况良好、羽毛等外貌特征符合品种要求的留作种鹅。选留数应比计划的留种数多出 10%～20%。

2. 第二阶段选择

选择时间：在 180～200 日龄进行。选择方法：依据第二性征进行选择，头清秀，颈细长；体型硕大，羽毛整齐、紧密、具有光泽；前躯较浅，后躯宽深，腹部圆大；胫结实、强健，间距宽。

3. 第三阶段选择

选择时间：母鹅开产时进行选择。选择方法：根据体型外貌及生产发育状况进行选择，选择体躯各部位发育匀称，头大小适中，眼睛明亮有神，颈细且中等长，体躯长且圆，前躯较浅，后躯宽深，两脚健壮且距离较宽，羽毛光洁、紧密贴身，尾腹宽阔，尾平直。

种鹅场应做好生产记录，根据记录资料进行有效选择。其方法是：将留作种用的鹅，分别编号登记，逐只记录开产日龄，开产体重、成年体重，第 1 个产蛋年的产蛋数、平均蛋重，第 2 年的产蛋数、平均蛋重，种蛋受精率、孵化率，有无抱窝性等。根据资料，将适时开产、产蛋多、持续期长、平均蛋重合格、无抱窝性、健壮的优秀个体留作种鹅，将开产过早或过晚、产蛋少、蛋重过大或过小、抱窝性强、体质弱的个体及时淘汰。

【知识链接】

家禽体尺的测定

测量家禽体尺，目的是为了更精确地记载家禽的体格特征和鉴定家禽体躯各部分的生长发育情况，在家禽选种、育种和地方禽种调查工作中经常用到。

1. 体斜长的测定

为了判定禽体在长度方面发育情况；用皮尺测量锁骨前上关节到坐骨结节间的距离。

2. 胸宽的测定

为了判定禽体的胸腔发育情况，用卡尺测量两肩关节间距离（图 2-1-1）。

3. 胸深的测定

为了判定胸腔、胸骨和胸肌发育状况，用卡尺度量第一胸椎至胸骨前缘间距离（图 2-1-2）。

4. 胸骨长的测定

为了判定体躯和胸骨长度的发育情况，用皮尺度量胸骨前后两端间距离（图 2-1-3）。

5. 胫长的测定

为了判定体高和长骨的发育，通常采用测量胫的长度的方法,用卡尺度量跖骨上关节到第三趾与第四趾间的垂直距离(图2-1-4)。

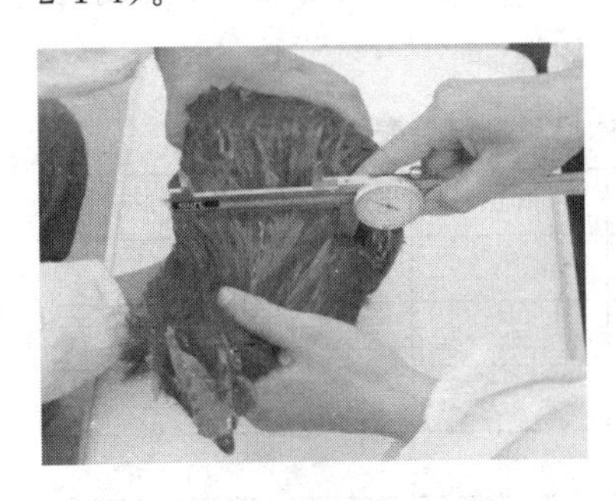

图 2-1-1　鸡的胸宽测量

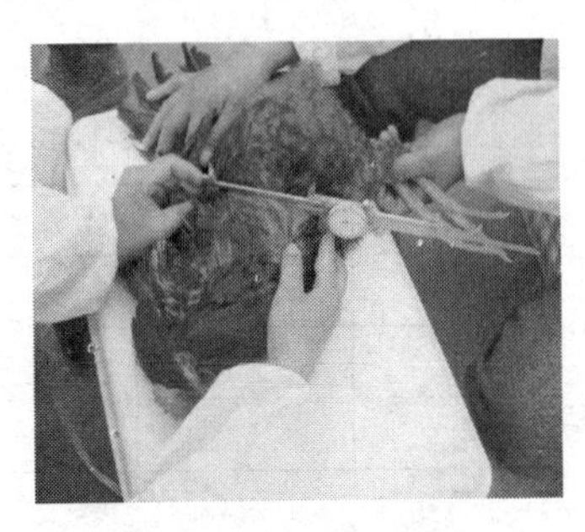

图 2-1-2　鸡的胸深测量

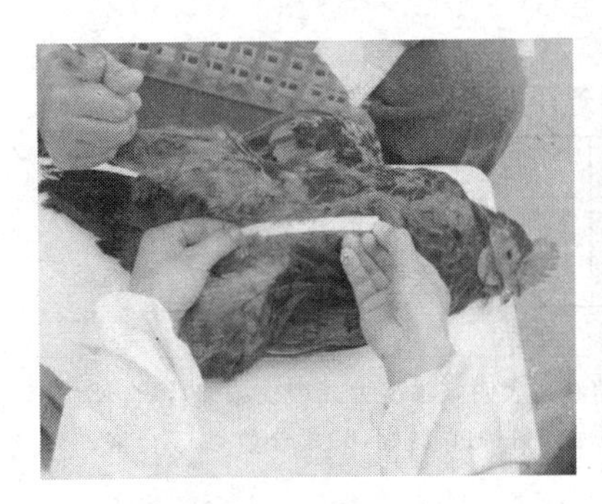

图 2-1-3　鸡胸骨长测定

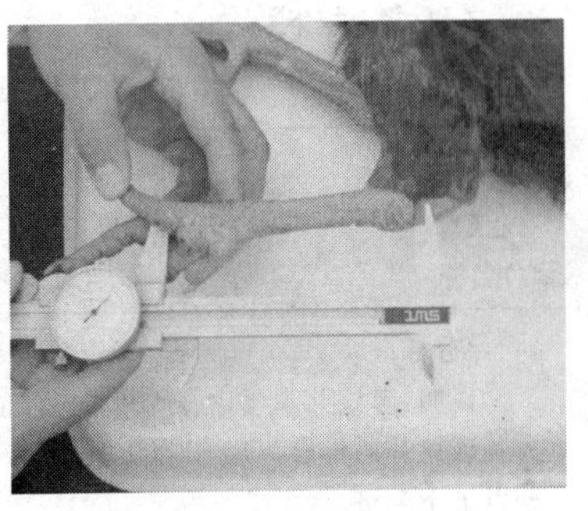

图 2-1-4　鸡胫长的测定

6.胸角的测定

为了判定肉鸡胸肌发育情况,采用测量胸角的大小来表示,方法是将鸡仰卧在桌案上,用胸角器两脚放在胸骨前端,即可读出所显示的角度,理想的胸角应 90℃以上。

7.半潜水长

用皮尺测量喙尖到髋骨连线中点的距离(水禽)。

【提交作业】

将学生分成小组，每组测量 3～5 只鸡，将测量结果记录于表 2-1-1 中。

表 2-1-1　鸡的体尺测量记录表

鸡号	体斜长	胸骨	胸深	胸骨长	胫长

【任务评价】

工作任务评价表

班　级		学号		姓名	
企业(基地)名称		养殖场性质		岗位任务	种禽的选择

一、评分标准

说明：考核共 5 项，总分 100 分；分值越高表明该项能力或表现越佳，综合评分为各项评分的综合。90 分以上优秀，75≤分数＜90 良好，60≤分数＜75 合格，60 分以下不合格。

考核项目	考核标准	得分	考核项目	考核标准	得分
综合素质(55 分)			专业技能(45 分)		
专业知识(15 分)	种公禽选择标准；种公禽选择阶段的划分；种母禽选择的目的；种母禽选择标准；种母禽选择阶段的划分。		种禽三阶段选择时间的确定(15 分)	种禽三阶段选择时间的确定适宜；种禽选择时间的确定结合了种禽的种类、生理特点和生产周转。	

续表

考核项目	考核标准	得分	考核项目	考核标准	得分
工作表现（15分）	态度端正；团队协作精神强；质量安全意识强；记录填写规范正确；按时按质完成任务。		种公禽选择方法（20分）	依据品种的外貌特征，身体发育状况和繁殖能力，选出高产公鸡。	
学生互评（10分）	根据小组代表发言、小组学生讨论发言、小组学生答辩及小组间互评打分情况而定。		种母禽选择方法（5分）	依据产蛋鸡的外貌特征和生理特征选出高产母鸡。	
实施成果（15分）	种禽选择的次数和时间适宜；选择种禽的方法正确；公母禽选留比例适宜；所选择的种公母禽符合留种要求。		种母禽公母比例（5分）	不同的选择阶段，公母比例确定适宜。	

综合分数：______分　优秀（　）　良好（　）　合格（　）　不合格（　）

二、综合考核评语

（该学生是否掌握了该岗位的专业知识、专业技能及掌握程度，能否通过该岗位技能考核）

老师签字：

日　　期：

说明：此表由校内教师或者企业指导教师填写。

工作任务二　种禽的配种

【任务描述】

对于自然配种的家禽，根据养禽场的性质不同，选择适宜的配种方式。人工输精的禽场，采用按摩方法采集精液，并进行精液检查和精液稀释，然后进行输精。

【任务情境】

校外实训基地双A或艾维茵父母代种鸡场，配套产蛋母鸡2 000套，学生分成四组，每天进入产蛋鸡舍和技术人员共同完成鸡的人工授精。

【任务实施】

一、家禽的自然配种

1. 大群配种

在较大的母禽群中放入一定比例的公禽，与母禽随机交配。禽群的大小，应根据家禽的种类、品种及禽舍大小而定。鸡根据具体情况为100～1 000只，当年的鸡群公母鸡配比可大些。

2. 小群配种

在一个小群母禽中放入一只公禽与其配种，设小间配种舍，自闭产蛋箱，公、母禽均佩戴脚号，群的大小根据品种的差异而定，一般为10～15只。

二、鸡的人工授精

(一)鸡的采精

1. 采精前的准备

(1)种公鸡的准备　种公鸡要求体质结实，发育良好，蛋用型鸡可在6月龄，兼用型鸡可在7月龄进行；采精前一周将公鸡单独隔开饲养。

(2)采精训练　每天早晨对种公鸡进行采精训练，用手从背朝尾的方向按摩腰荐部数次，以建立条件反射。过3～4 d后要试采，试采3～4 d仍不成功者要及时淘汰。

(3)卫生消毒　做好人工授精仪器、设备、器皿、试剂和材料的准备及消毒工作。

2.采精操作(双人背腹式按摩法)

(1)公鸡保定　助手用双手握住鸡的两腿,以自然宽度分叉,使鸡头向后,尾部向采精员,鸡体保持水平,夹于右腋下。

(2)按摩采精　采精员先剪去鸡泄殖腔周围羽毛(第一次训练时),再以酒精棉球消毒其周围,待酒精干后即可采精。采精时,采精员用右手中指和无名指夹着经过消毒、清洗、烘干的集精杯,杯朝向手心,手心朝向下方,避免按摩时公鸡排粪污染。左手沿公鸡背鞍部向尾羽方向抚摩数次,以减低公鸡惊恐并引起性兴奋。待公鸡产生性兴奋时,采精员左手顺势翻转手掌,将尾羽翻向背侧,并以拇指与食指跨在泄殖腔两上侧;右手拇指和食指跨在泄殖腔两下侧腹部柔软部,以迅速敏捷手法,抖动触摸腹部柔软处,再轻轻地用力向上抵压泄殖腔。此时公鸡性感强烈,翻出交配器,右手拇指与食指感到公鸡尾部和泄殖腔有下压之感,左手拇指和食指即可在泄殖腔两上侧作微微挤压,精液即可顺利排出。与此同时,将右手夹着的集精器口翻上,承接精液入集精杯中。一只公鸡可连续采精两次。

(二)鸡的输精

1.输精前的准备

(1)母鸡的选择　输精母鸡应是营养中等、泄殖腔无炎症的母鸡。输精前应对母鸡进行白痢检疫,检疫阳性者应淘汰。开始输精的最佳时间应为产蛋率达到70%时的种鸡群。

(2)器具及用品准备　准备输精器数支,原精液或稀释后的精液,注射器、酒精棉球等。

2.输精操作

(1)平养鸡输精　助手左手从母鸡前胸插入腹下,并用手指分别夹住母鸡两腿,使鸡胸部置于掌上,随即将手直立,使鸡背部紧贴自己胸部，头部向下，泄殖腔向上。然后用右手的大拇指与其余手指跨于泄殖腔两侧柔软部分，用巧力下压，左掌斜向上推，即可压迫泄殖腔翻开，左侧开口为阴道口。输精员用 1 支 1 mL 结核菌素注射器吸取精液，套上 4 cm 长塑料管，插入阴道口 2～3 cm，慢慢注入，保定者配合慢慢松手。见图 2-2-1。

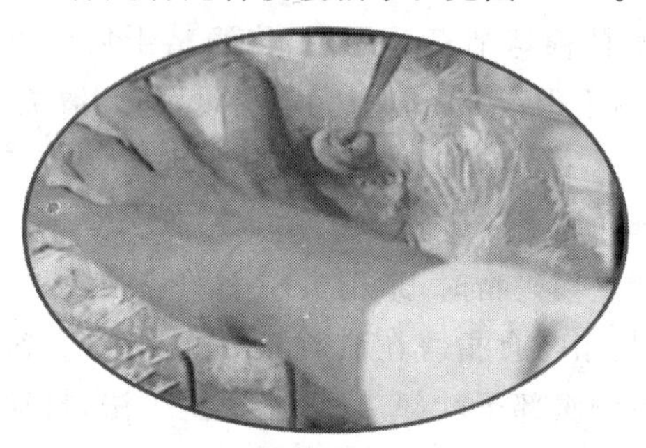

图 2-2-1　鸡输精图

(2)笼养鸡输精　笼养母鸡人工授精时，可不必将母鸡从笼中取出来，助手只需用左手握住母鸡双腿，将母鸡腹部朝上。鸡背部靠在笼门口处，右手在腹部施加一定压力，阴道口随之外露，即可进行输精。

鸡的输精每周一次，使用原精液 0.025～0.03 mL，稀释后的精液 0.1 mL。输精时间每天下午 4 点以后进行，此时大部分母鸡产完蛋，即可获得较高受精率。

每羽母鸡输一次应更换一支输精管。如采用滴管类输精器，必须每输一羽母鸡用消毒棉球擦拭一次输精器，输 8～10 羽母鸡后更换一支输精器。母鸡在产蛋期间，输卵管开口易翻出，每周重复输精一次，可保证较高的受精率。

【提交作业】

到校内生产性实训基地或者校外养禽企业进行种禽的人工

授精操作，做好采精前的准备工作，学会正确的采精技术、输精技术，注意操作要领，统计受精率结果，根据种鸡的受精情况，分析受精率高或低的原因。

【任务评价】

工作任务评价表

班　级		学号		姓名	
企业（基地）名称		养殖场性质		岗位任务	种禽的配种

一、评分标准

说明：考核共5项，总分100分；分值越高表明该项能力或表现越佳，综合评分为各项评分的综合。90分以上优秀，75≤分数<90良好，60≤分数<75合格，60分以下不合格。

考核项目	考核标准	得分	考核项目	考核标准	得分
综合素质（55分）			专业技能（45分）		
专业知识（15分）	自然配种方式的选择；采精前的准备；公鸡的采精方法；输精前的准备；笼养鸡的人工输精方法。		采精前的准备（15分）	公母鸡提前隔离的时间；对公鸡进行采精训练的熟练程度。	
工作表现（15分）	态度端正；团队协作精神强；质量安全意识强；记录填写规范正确；按时按质完成任务。		采精操作（20分）	公鸡保定方法正确。采精员采精操作熟练。	
学生互评（10分）	根据小组代表发言、小组学生讨论发言、小组学生答辩及小组间互评打分情况而定。		精液的保存（5分）	精液稀释比例适宜，保存温度和时间符合要求。	

续表

考核项目	考核标准	得分	考核项目	考核标准	得分
实施成果 (15分)	采精前的准备工作充分;采精方法正确并且能采出精液;采精后能按正确的方法进行保存和稀释;输精操作熟练。		输精 (5分)	输精所用的器具准备齐全;能将精液输入母鸡输卵管中。	
综合分数:______分　优秀(　)　良好(　)　合格(　)　不合格(　)					

二、综合考核评语

(该学生是否掌握了该岗位的专业知识、专业技能及掌握程度,能否通过该岗位技能考核)

老师签字:

日　　期:

说明:此表由校内教师或者企业指导教师填写。

项目三

家禽孵化岗位技术

岗位能力

通过实训使学生具备孵化场的布局，孵化设备的使用，种蛋的管理，人工孵化操作，初生雏的处理等岗位能力。

实训目标

能对孵化场进行总体规划与布局；知道孵化器的类型，认识孵化器各部分的构造；掌握孵化设备的使用和管理方法；熟知种蛋的选择标准和方法；能正确地对种蛋进行消毒和保存；能做好孵化前的准备工作；学会人工孵化的基本操作技术；熟知鸡的若干胚龄胚胎发育的主要特征。

工作任务一　孵化场的建造与设备的使用

【任务描述】

根据孵化场的地形、地势和主导风向以及孵化场的生产工艺流程对孵化场内建筑物进行合理的布局;认识孵化设备的构造并熟悉其使用方法。

【任务情境】

校外实训基地孵化场,学生深入孵化场,熟悉孵化场的布局和生产工艺流程,通过实物认识孵化设备的结构,并知道使用方法。

【任务实施】

一、孵化场的布局

孵化场是一个独立的隔离场所,用水用电要方便。场址应远离交通干线(500 m 以上)、居民点(不少于 1 000 m)、鸡场(1 000 m 以上)和粉尘较大的工矿区。

场区规划与布局须严格遵守孵化场生产工艺流程(图 3-1-1),不能逆转,从接收种蛋到雏鸡出厂,仅一个进口,一个出口,即一边运进种蛋,另一边运出雏鸡,以便做到生产流程一条线,操作方便,工作效率高,交叉污染少。一般小型孵化场可采用长条形流程布局;大型场则以孵化室和出雏室为中心,根据流程要求及服务项目加以确定孵化场的布局(图 3-1-2)。合理的孵化场布局应满足运输距离短、人员往来少,有利防疫和建筑物利用率高,不妨碍通风换气等要求。

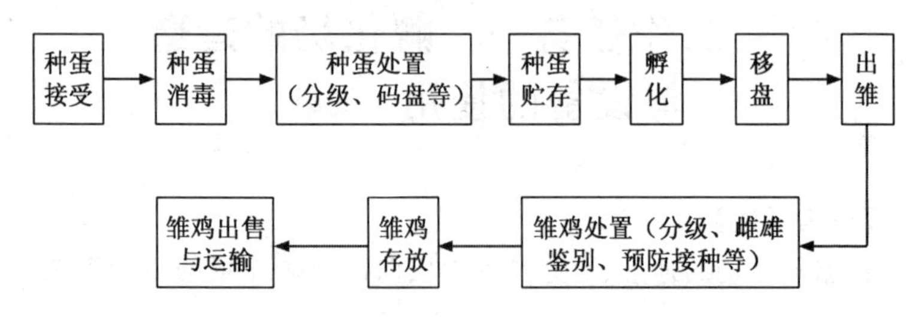

图 3-1-1　孵化场生产工艺流程

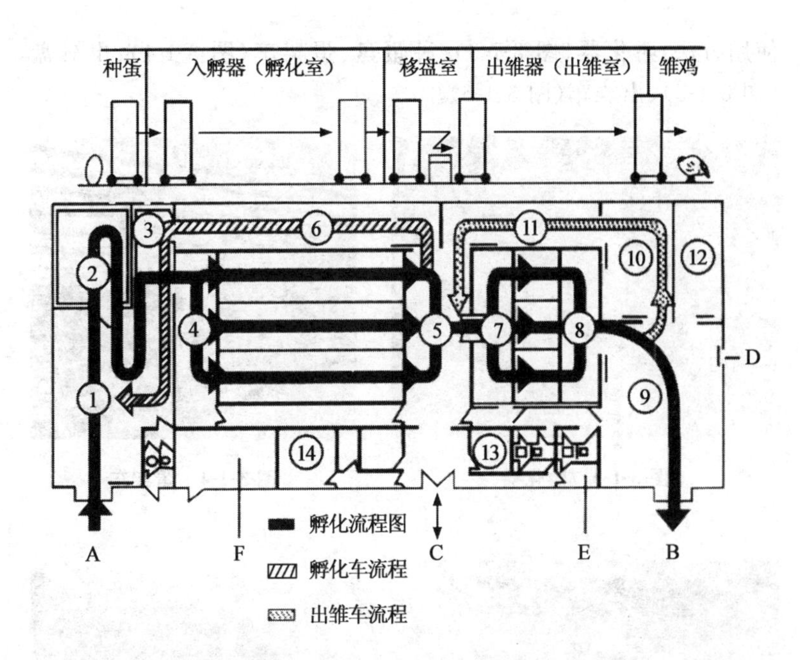

图 3-1-2　孵化场工艺流程及平面布局

1.种蛋处置室　2.种蛋贮存室　3.种蛋消毒室　4.孵化室入口　5.移盘室　6.孵化用具清洗室　7.出雏室入口　8.出雏室　9.雏鸡处置室　10.洗涤室　11.出雏设备清洗室　12.雏盒室　13,14.办公用房　A.种蛋入口　B.雏鸡出口　C.工作人员入口　D.废弃物出口　E.淋浴更衣室　F.餐厅

二、孵化设备使用与管理

整套孵化设备一般包括孵化机、出雏机和与其配套的一些机具设备。

(一)主体构造的识别

利用孵化场的实物，依次识别入孵机和出雏机的主体构造和使用方法：孵化器（图 3-1-3）、种蛋盘、蛋架车（图 3-1-4）、出雏盘（图 3-1-5）、出雏车（图 3-1-6）。

图 3-1-3　孵化器

图 3-1-4　蛋架车

图 3-1-5　出雏盘

图 3-1-6　出雏车

(二)自控系统的使用

1.控温系统

由电热管(或远红外棒)、控温电路和感温元件组成。

2.控湿系统

大型孵化机均采用叶片式供湿轮或卧式圆盘片滚筒自动供湿装置，该装置位于均温风扇下部，由贮水槽、供湿轮、驱动电机及感湿元器件等组成。

3. 报警系统

是监督控温系统和电机正常工作的安全保护装置。分超温报警及降温冷却系统，低温、高湿和低湿报警系统，电机缺相或停转报警系统。

优良的孵化设备当数模糊电脑控制系统，它的主要特点：温度、湿度、风门联控，减少了温度的波动，合理的负压进气、正压排气方式，使进风口形成负压，吸入新鲜空气，经加热后均匀搅拌吹入孵化蛋区，最后由出气口排出。孵化厅环境温度偏高时，冷却系统会自动打开，实施风冷，风门也会自动开到最大，加快空气的交换。全新的加热控制方式，能根据环境温度、机器散热和胚胎发育周期自动调节加热功率，既节能又控温精确。有两套控温系统，第一套系统工作时，第二套系统监视第一套系统，一旦出现超温现象时，第二套系统自动切断加热信号，并发出声光报警，提高了设备的可靠性。第二套控温系统能独立控制加温工作。该系统还特加了加热补偿功能，最大限度地保证了温度的稳定。加热、加湿、冷却、翻蛋、风门、风机均有指示灯进行工作状态指示；高低温、高低湿、风门故障、翻蛋故障、风扇断带停转、电源停电、缺相、电流过载等均可以不同的声讯报警；面板设计简单明了，操作使用方便。

(三)机械传动系统的使用

1. 转蛋系统

滚筒式活动转蛋孵化器的转蛋系统由设在孵化器外侧壁的连接滚筒的扳手及扇形厚铁板支架组成，人工扳动扳手转蛋。八角式活动转蛋孵化器的转蛋系统由安装在中轴一端的扇形蜗杆组成，可采用人工转蛋。如采用自动转蛋系统，需增加微电机、减速箱及定时自动转蛋仪。跷板式活动转蛋孵化器均采用自动转蛋系统。设在孵化器后壁上部的翻蛋凹槽与蛋架车上部的长方形翻蛋板相配套,由设在孵化器顶部的电机转动带动连接翻蛋的凹槽移位,进行自动翻蛋。

2.通风换气系统

孵化器的通风换气系统由进气孔、出气孔、均温电机和风扇叶等组成。顶吹式风扇叶设在孵化器顶部中央内侧,进气孔在顶部近中央位置左右各一个,出气孔设在顶部四角。侧吹式风扇叶设在侧壁,进气孔设在近风扇轴外、出气孔设在孵化器顶部中央。进气孔设有通风调节板,以调节进气量;出气孔装有抽板或转板,可调节出气量。

(四)照明和安全系统的使用

为了便于观察和安全操作,机内设有照明设备及启闭电机装置。一般采用手动控制,有的将开关设在孵化器门框上。当开孵化器门时,孵化器内照明灯亮,电机停止转动;关机时,孵化器内照明灯熄灭,电机转动。

现在国内生产的孵化设备多数已将孵化机与出雏机分开设计。即种蛋在孵化机内孵 18～19 d,然后转入出雏机内孵 2～3 d。这样孵化机和出雏机可分别放置在孵化室和出雏室,有利于孵化卫生防疫。孵化机与出雏机的容量之比为(3～4)∶1,按此比例配套使用,可分批入孵,也可整批入孵。出雏机与孵化机的结构、性能基本相同,只是没有翻蛋系统。另外,出雏机所用的出雏盘与孵化机的蛋盘结构不一样,也不能通用。

三、孵化室的通风设计

孵化室的通风换气系统不仅需要考虑进气问题,还应重视废气排出和调节温度等问题。各室应设单独通风系统,将废气直接排出室外。至少以孵化室与出雏室为界,前后两单元各有一套单独通风系统。出雏室的废气，应先通过加有消毒剂的水箱过滤后再排出室外，防止污染孵化场的空气。

【提交作业】

学生分四组，每组一台孵化器，对孵化器主体结构、自动控制系统、机械转动系统、安全照明系统进行识别和使用，并对孵化器的性能进行评价。

【任务评价】

工作任务评价表

班　级		学号		姓名	
企业（基地）名称		养殖场性质		岗位任务	孵化场的建造与设备的使用

一、评分标准

说明：考核共5项，总分100分；分值越高表明该项能力或表现越佳，综合评分为各项评分的综合。90分以上优秀，75≤分数＜90良好，60≤分数＜75合格，60分以下不合格。

考核项目	考核标准	得分	考核项目	考核标准	得分
综合素质（55分）			专业技能（45分）		
专业知识（15分）	孵化场的生产工艺流程；孵化场布局原则；孵化器的主体构造；孵化器的自动控制系统；孵化器的机械转动系统。		孵化器自动控制系统的使用和维护（15分）	熟练进行孵化器自动控制系统设置和使用。	
工作表现（15分）	态度端正；团队协作精神强；质量安全意识强；记录填写规范正确；按时按质完成任务。		孵化器机械转动系统的使用和维护（20分）	正确使用和维护对孵化器的机械转动系统。	

续表

考核项目	考核标准	得分	考核项目	考核标准	得分
学生互评（10分）	根据小组代表发言、小组学生讨论发言、小组学生答辩及小组间互评打分情况而定。		孵化器通风系统和照明系统的使用和维护（5分）	正确使用和维护通风系统和照明系统。	
实施成果（15分）	孵化场生产工艺流程确定合理；对孵化器自动控制系统的设置和使用方法正确；正确使用和维护孵化器的机械转动系统；正确使用和维护对孵化器通风系统和照明系统；合理设计孵化室的通风系统。		孵化室的通风系统的设计（5分）	能根据换气需求和防疫要求合理设计孵化室的通风系统。	

综合分数：______分　　优秀（　）　　良好（　）　　合格（　）　　不合格（　）

二、综合考核评语

（该学生是否掌握了该岗位的专业知识、专业技能及掌握程度，能否通过该岗位技能考核）

老师签字：

日　　期：

说明：此表由校内教师或者企业指导教师填写。

工作任务二　种蛋的管理

【任务描述】

学生在孵化场根据种蛋的要求对种蛋进行选择，并进行种蛋保存和消毒。

【任务情境】

校外实训基地双A或艾维茵父母代种鸡场，学生分成四组，对种蛋进行收集、选择、运输、消毒及保存。

【任务实施】

一、种蛋的选择

(一)感官法

感观法是孵化场在选择种蛋时常用的方法之一。通过看、摸、听、嗅等人为感官来鉴别种蛋的质量，可作粗略辨别，其鉴别速度较快。

1. 眼看

观察种蛋的外观，蛋壳的结构、蛋形是否正常、大小是否适中、表面情况如何等。不符合要求的一律剔除：

(1)细长、短圆及蛋形变扭、扁形的种蛋一律剔除。见图3-2-1。

(2)蛋壳过厚的刚皮蛋、过薄的沙皮蛋和蛋壳厚薄不均的皱纹蛋、裂纹蛋都要剔除。

(3)蛋壳的颜色应符合本品种的要求，过深或颜色不一致的蛋要剔除。

(4)根据品种标准进行选择，过大、过小的要淘汰。一般蛋用型鸡蛋重为50～65 g，肉鸡蛋重为52～68 g，鸭蛋80～100 g，鹅蛋160～200 g，可通过称重法确定。

(5)种蛋的蛋壳要清洁，受破蛋液或其他脏物污染严重的种蛋要剔除。见图3-2-2。

2. 手摸

触摸感觉蛋壳的光滑程度和轻重等，过于光亮或粗糙及较轻的蛋要剔除。

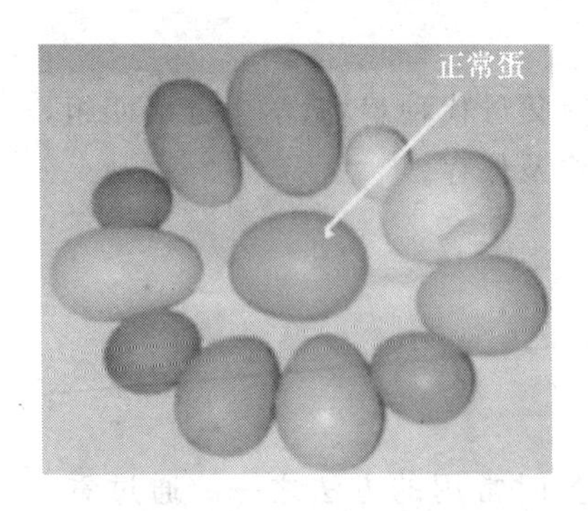

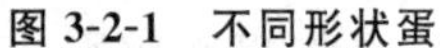
图 3-2-1　不同形状蛋

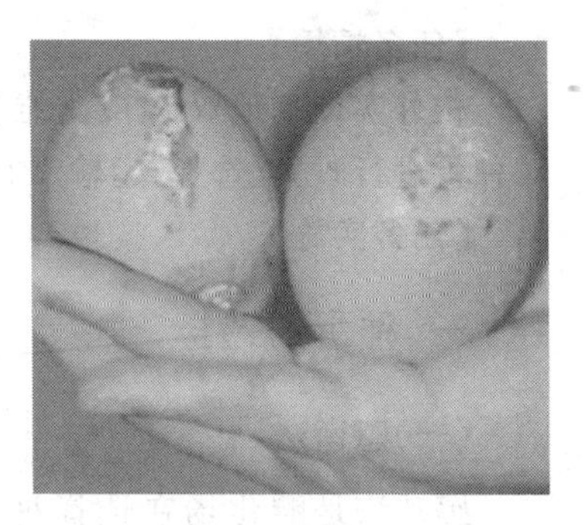
图 3-2-2　脏污蛋

3. 耳听

用两手各拿 3 个蛋转动五指使蛋互相轻轻碰撞，听其声音。完好无损的蛋其声音脆，有裂纹、破损的蛋可听到破裂声，裂纹蛋一律剔除。

4. 鼻嗅

嗅蛋的气味是否正常，有无特殊气味等。有特殊气味的蛋可能是受到污染或陈蛋一律剔除。

(二)透视法

透视法，利用太阳或照蛋器发出的光线对种蛋的内部进行检查，这是一种准确而简便的方法。照蛋透视的目的是检查种蛋是否陈旧，可观察蛋壳、气室、蛋黄、血斑等，照蛋透视多在孵化前进行。正常的蛋壳颜色应符合品种的特点，壳色纯正并附有石灰微粒，形似霜状粉末没有光泽；陈蛋壳常带有光泽；破蛋可看见裂纹，沙皮蛋因厚薄不匀可见点点亮光。新鲜种蛋的蛋黄颜色暗黄色或暗红色，并处于蛋的中心位置；不新鲜种蛋的蛋黄靠近蛋壳，并飘忽不定。新鲜种蛋的气室较小，处于蛋的大头，一般有 5 mm 左右；气室处于种蛋的小头和中部的，蛋黄上带有白的、黑的、暗红的斑点，并随种蛋转动而转动的，均应淘汰。

(三)抽检剖视法

检查种蛋的新鲜程度。将抽检的蛋打在衬有黑纸的洁净玻璃板上，观察蛋内部品质，新鲜蛋的蛋白浓厚，蛋黄高；陈蛋的蛋白稀薄，蛋黄扁平甚至散黄。

(四)种蛋的选择次数和场所

1. 初选

在禽舍内首先对种蛋进行初选，剔除破蛋、脏蛋和明显畸形的蛋。多用感官选择(眼看、耳听、手摸)。

2. 二选

在孵化室内进行二选，剔除不适合孵化用的禽蛋。用照蛋器和剖视抽查。

二、种蛋的保存

(一)准备蛋库

蛋库应通风良好、卫生干净，隔热性能好，能防蚊蝇老鼠，能防阳光直晒或穿堂风。大型现代化孵化场应设有专用的蛋库，并备有空调机，可自动制冷和加湿。蛋库内温度保持在 12～18℃，保存 1 周内时，采用上限温度 18℃，超过 1 周采用下限温度。相对湿度保持在 70％～80％。湿度大，通过通风降低湿度，湿度低在地面放置水盘。

(二)种蛋保存方法

种蛋在贮存之前应行进行升温或降温，使种蛋达到贮存室的温度，才能进行贮存。种蛋用蛋架存放保存，锐端向上放置。种蛋的保存期在 7 d 以内为好，夏季保存 1～3 d 为好。种蛋贮存 7 d 内，可不翻蛋，蛋托叠放，盖上一层塑料膜(图 3-2-3)；若保存时间超过 1 周，则每天翻蛋 1～2 次，或将种蛋箱一侧轮流垫高。

图 3-2-3　种蛋的保存

三、种蛋的消毒

种禽场每隔 1 h 收集种蛋 1 次，种蛋产出后在禽舍进行第 1 次消毒，孵化前还要进行第 2 次消毒，孵化期胚蛋移盘后在出雏器中进行第 3 次消毒。

种蛋消毒方法很多，其中以甲醛-高锰酸钾熏蒸消毒法和过氧乙酸熏蒸消毒法在生产中较为普遍使用，操作方便，效果也较好。

1. 新洁尔灭喷雾消毒法

将种蛋事先码放在蛋盘上，用喷雾器把 0.1%的新洁尔灭溶液喷洒在蛋面上(图 3-2-4)。一份 5%的新洁尔灭原液，加 50 份水混合均匀配成 0.1%浓度的溶液即可。喷雾时注意要把种蛋和蛋盘全部喷湿，不要留有死角，消毒后要放在室内自然晾干，不要晒干。要等种蛋凉到表面干透后再放到孵化机里进行孵化。

2. 甲醛-高锰酸钾熏蒸消毒法

熏蒸间内温度为 26～27℃，湿度 60%～75%，用量是消毒空

图 3-2-4 种蛋的喷洒消毒

间甲醛 30 mL/m^3，高锰酸钾 15 g 的比例，熏蒸时用瓷容器先盛高锰酸钾，后倒入甲醛溶液，密闭 20～30 min。注意事项：甲醛与高锰酸钾反应剧烈，又有腐化性，注意不要伤着皮肤和眼睛；蛋库取出的种蛋在蛋壳上有水珠，应等水珠干后再消毒，否则对胚胎不利。

3. 过氧乙酸熏蒸消毒法

过氧乙酸是高效、快速广谱消毒剂。消毒时，用 16% 的过氧乙酸溶液 40～60 mL/m^3，加高锰酸钾 4～6 g，密闭熏蒸 15 min。注意：过氧乙酸遇热不稳定，如 40% 以上的加热至 50℃ 易引起爆炸，应在低温保存；过氧乙酸腐蚀性强，不要伤着皮肤。

4. 紫外线照射消毒法

紫外线照射消毒的效果与紫外线的强度、照射时间、照射的距离有关。一般要求紫外线的光源距种蛋 0.4 m，照射时间 1 min 后，把种蛋翻过来再照射一次，最好多用几个紫外线灯，从各个角度同时照射，效果更好。紫外线照射消毒的缺点是种蛋正反面都要照，比较麻烦。可用不遮挡紫外线光的透明材料做成蛋架，把种蛋互不相靠地放在上面，上下左右多个紫外线灯，同时照射，效果较好。

5. 三氧化氯泡沫消毒剂消毒法

近年来国外开始采用三氧化氯泡沫消毒剂消毒种蛋，效果很好。三氧化氯泡沫在使用时，不破坏蛋壳胶膜，而且省药、安全、省力、无气雾、无回溅。三氧化氯泡沫呈重叠状，附着于蛋壳表面时间长，杀菌彻底而对种蛋无伤害。据实验，用三氧化氯泡沫消毒剂消毒脏鸭蛋，可提高孵化率10%以上。

【知识链接】

禽蛋的构造

蛋由蛋壳、蛋壳膜、蛋白、蛋黄、胚珠或胚盘五部分组成。见图3-2-5。

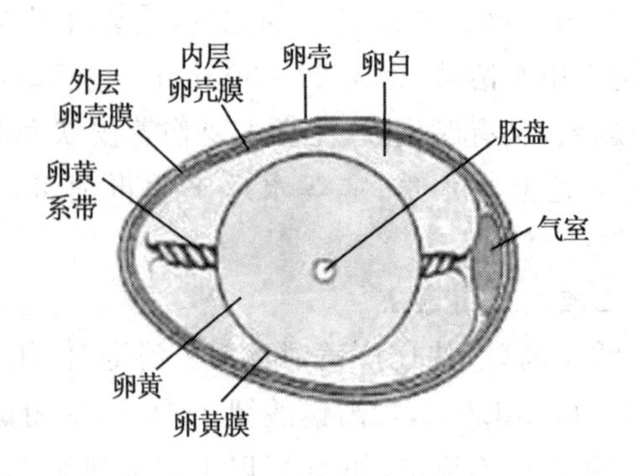

图 3-2-5　蛋的构造

1. 蛋壳

蛋壳比较坚硬，能承受较大外力，对胚胎有保护作用，能防止外界细菌的侵入和营养物质的流失。蛋壳内层为较薄乳头状突起，外层为较厚海绵状结构，有气孔与内外相通。蛋壳外面有一层胶质状护壳膜。新产下的蛋，胶护膜封闭壳上气孔，有阻止蛋内水分蒸发和外界微生物侵入作用，随着蛋的存放或孵化，胶护膜逐渐脱掉，空气进入，胚胎呼吸产生的二氧化碳向外排出，保证胚胎的正常气体交换。

2. 蛋壳膜

蛋壳膜分内外两层，内层较厚，紧紧包裹蛋白，称为内壳膜；外层较薄，紧贴蛋壳内壁称为外壳膜。蛋壳膜对蛋内容物有保护作用，能防止细菌的侵入和水分的蒸发。内外壳膜紧贴在一起，当蛋产出时，由于遇冷在蛋的钝端，内外壳膜分离形成气室。气室内贮存空气，供给胚胎发育所需要的氧气。

蛋存放时间愈久，由于蛋内水分蒸发较多，气室逐渐变大，孵化过程中随着胚龄增加，气室也逐渐变大，所以根据气室大小，可判定蛋的新鲜程度和孵化期胚龄及孵化温度、湿度是否合适。

3. 蛋白

蛋白是带黏性的半流动透明胶体。外部较稀的为稀蛋白，内部较浓的为浓蛋白。蛋白保护胚胎，做缓冲剂，并提供胚胎生长、发育所需的蛋白质和水分。浓蛋白在卵黄周围旋转，两端扭曲形成系带，固定在内壳膜上，它的作用是使蛋黄悬浮与蛋的中央并保持一定的位置，使蛋黄上的胚盘不至于粘壳而影响胚胎的发育。

蛋在运输过程中若受到剧烈震动，会引起系带断裂。蛋存放时间过长，浓蛋白变稀，系带与蛋黄脱离。在种蛋运输和存放中应尽量避免上述情况出现，否则种蛋难于孵化成雏。

4. 蛋黄

位于蛋的中央，蛋黄内贮存着供胚胎发育的营养物质。蛋黄外面有一层极薄且有弹性的膜称蛋黄膜。新鲜蛋的蛋黄膜弹性好，保持蛋黄呈一定形状，陈旧蛋的蛋黄膜弹性变差，使蛋黄变成扁球形，甚至破裂造成散黄。

5.胚珠或胚盘

胚珠为没有分裂的次级卵母细胞，受精后次级卵母细胞经过分裂后形成胚盘。最初卵母细胞借淡色卵黄物质的积累而缓缓生长，当性成熟后卵泡迅速发育，卵黄迅速增大，胚珠向卵黄表面移行，在移行通道以淡色填充，即形成倒瓶状的蛋黄心。胚珠直径大约 3 mm，胚盘直径大约 5 mm。

【提交作业】

学生分四组，进行蛋形指数测定和计算，每组测定 4 枚蛋的蛋重、纵径、横径，将测定的数据填入表 3-2-1，并计算每个蛋的蛋形指数，最后求平均值。

表 3-2-1 蛋形指数计算

蛋号	蛋重/g	纵径/cm	横径/cm	蛋形指数
1				
2				
3				
4				
平均值				

【任务评价】

工作任务评价表

班　级		学号		姓名	
企业(基地)名称		养殖场性质		岗位任务	种蛋的管理

一、评分标准

说明：考核共 5 项，总分 100 分；分值越高表明该项能力或表现越佳，综合评分为各项评分的综合。90 分以上优秀，75≤分数＜90 良好，60≤分数＜75 合格，60 分以下不合格。

续表

考核项目	考核标准	得分	考核项目	考核标准	得分
综合素质(55 分)			专业技能(45 分)		
专业知识(15 分)	种蛋的标准;种蛋的选择方法;种蛋的保存方法;种蛋的消毒方法。		种蛋的选择(15 分)	通过感官检查:眼看、手摸、耳听、鼻嗅、听声等选出合格种蛋。	
工作表现(15 分)	态度端正;团队协作精神强;质量安全意识强;记录填写规范正确;按时按质完成任务。		种蛋的标记(20 分)	进行系谱孵化时会对种蛋进行标记;会操作种蛋分批入孵。	
学生互评(10 分)	根据小组代表发言、小组学生讨论发言、小组学生答辩及小组间互评打分情况而定。		种蛋的保存(5 分)	种蛋的贮存过程中,采用调控技术将蛋库的温湿度控制在标准范围内。	
实施成果(15 分)	按种蛋的标准采用多种方法选出合格的种蛋;种蛋库的准备符合要求;种蛋的保存方法正确;种蛋消毒效果好。		种蛋的消毒(5 分)	种蛋的消毒过程中,操作熟练,方法正确。	
综合分数:______分　优秀(　)　良好(　)　合格(　)　不合格(　)					

二、综合考核评语

（该学生是否掌握了该岗位的专业知识、专业技能及掌握程度,能否通过该岗位技能考核）

老师签字:

日　　期:

说明:此表由校内教师或者企业指导教师填写。

工作任务三　人工孵化技术

【任务描述】

实际参加孵化操作，做好孵化前的准备工作，完成孵化的日常管理工作，在孵化过程的不同时期，通过“照蛋”，判断胚胎发育状况。改善孵化条件，提高孵化率和健雏率。孵化结束后进行孵化效果检查和分析。

【任务情境】

校外实训基地孵化场，备有3台以上孵化器，1台以上出雏器，将学生分成3～4组，完成孵化的各项操作工作。

【任务实施】

一、孵化前的准备

1.制订计划

孵化前，根据孵化与出雏能力、种蛋数量及雏鸡销售情况，制订孵化计划。每批入孵种蛋装盘后，将该批种蛋的入孵、照检、移盘和出雏日期填入孵化进程表，以便于孵化人员了解入孵的各批种蛋情况，提高工作效率，使孵化工作顺利进行。

2.验表试机

孵化前对孵化室和孵化器做好检修、消毒和试温工作。孵化室的温度以20℃左右较为合适，不得低于20℃，亦不得高于24℃；室内湿度应保持在55%～60%。

种蛋入孵前，全面检查孵化机各部分配件是否完整无缺，通风运行时，整机是否平稳；孵化机内的供温、鼓风部件及各种指示灯是否都正常；各部位螺丝是否松动，有无异常声响；特别是检查控温系统和报警系统是否灵敏。待孵化机运转1～2 d未发现异常情况，才可入孵。电机在整个孵化季节不停地转动，最好多准备一台，一旦发生问题即可装换，保证孵化的正常进行。

3.孵化温度表的校验

将孵化温度表与标准温度表水银球一起放到38℃左右的温水中，观察它们之间的温差。

4.孵化机内温差的测试

在机内的蛋架装满空的蛋盘，将27支校对过的体温表固定在机内的上、中、下、左、中、右、前、中、后9个部位，每个部位3支体温计。然后将蛋架翻向一边，通电使风机正常运转，机内温度控制在37.8℃左右，恒温0.5 h后，取出温度表，记录各点的温度，再将蛋架翻转至另一边去，如此反复各2次，了解孵化机内的温差及其与翻蛋状态间的关系。

5.孵化室、孵化器的消毒

彻底消毒孵化室的地面、墙壁、天棚。每批孵化前机内必须清洗，并用福尔马林熏蒸，也可用药液喷雾消毒。

6.入孵前种蛋预热

入孵前将种蛋移至孵化室内，使蛋初步升温暖。在22～25℃的环境中放置6～8 h。

7.码盘、入孵

种蛋预热后，按计划于16时上架孵化。整批孵化时，将装有种蛋的孵化盘插入孵化蛋架车推入孵化器内；分批入孵，装新蛋与老蛋的孵化盘应交错放置。在孵化盘上贴上标签，并对蛋盘（车）进行编号、填写孵化进程表：入孵、照检、移盘和出雏日期等。天冷时，上蛋后打开入孵机的辅助加热开关，使加速升温，待温度接近要求时即关闭补助电热器。入孵结束后，对剔除蛋、剩余的种蛋及时处理，然后清理工作场地。

8.种蛋消毒

种蛋入孵前后12 h内再熏蒸消毒一次。

二、孵化的日常管理

在孵化期间应安排人员昼夜值班，检查，记录温度、湿度、通风、转蛋情况。留意机件的运转情况，及时处理异常情况。

1. 温度的观察与调节

孵化机的温度调节器在种蛋入孵前已经调好定温，一般不要随意改动。

在孵化过程中应随时留心观察机门上温度计显示的温度，一般每小时检查一次，看温度是否保持平稳，如有超温或降温时及时检查控温系统，消除故障。在正常情况下，温度偏低或偏高0.5～1℃时，才进行调节。如果孵化机内各处温差±0.5℃，则每日要调盘一次，即上下蛋盘对调，蛋盘四周与中央的蛋对调，以弥补温差的影响。

2. 湿度的观察与调节

每2 h观察记录一次湿度。对于非自动控湿装置的孵化机，定时往水盘内加温水，并根据不同孵化期对湿度的要求，调剂水盘的数目，以确保胚胎发育对湿度的请求。湿度偏低时，可增加水盘扩大蒸发面积，提高水温、降低水位加快蒸发速度。还可在孵化室地面洒水，必要时可用温水直接喷洒胚蛋。湿度过高时，要加强室内通风，使水散发。自动调湿的，使用的水应经滤过或软化，以免堵塞喷头。温湿度计的纱布必须保持清洁，每孵化一批种蛋更换1次。

3. 翻蛋

全自动翻蛋的孵化机，每隔1～2 h自动翻蛋一次(图3-3-1)；半自动翻蛋的，需要按动左、右翻按钮键完成翻蛋全过程，每隔2 h翻蛋一次。

注意每次翻蛋时间和角度。对不按时翻蛋和翻蛋速度过大或过小的现象要及时处理解决，停电时按时手动翻蛋。

图 3-3-1　种蛋的翻蛋

4. 通风

定期检查出气口开闭情况，根据胚龄决定开启大小。整批入孵的前 3 d（尤其是冬季），进、出气孔可不打开，随着胚龄的增加，逐渐打开进出气孔，出雏期间进、出气孔全部打开。分批孵化，进、出气孔可打开 1/3～2/3。

5. 填写孵化记录

整个孵化期间，每天必须认真做好孵化记录和统计工作，它有助于孵化工作顺利有序进行和对孵化效果的判断。孵化结束，要统计受精率、孵化率和健雏率。孵化室日常管理记录见表 3-3-1，孵化生产记录见表 3-3-2。

表 3-3-1　孵化室日常管理记录

机号________　　第____批　　胚龄____d　　____年____月____日

时间	机器情况					孵化室		停电	值班员
	温度	湿度	通风	翻蛋	晾蛋	温度	湿度		

表 3-3-2　孵化记录

批次机号	入孵日期	种蛋来源	品种	入孵数量	头照			二照		出雏				受精率/%	受精蛋孵化率/%	入孵蛋孵化率/%	健雏率/%
					无精	死胚	破损	死胚	破损	落盘数	毛蛋数	弱死雏	健雏数				

6. 照蛋

在孵化过程中对胚蛋进行 2～3 次灯光透视检查(图 3-3-2)。照蛋前先提高孵化室温度(气温较低的季节),将蛋架放平稳,抽取蛋盘摆放在照蛋台上,迅速而准确地用照蛋器按顺序进行照检,并将无精蛋、死胚蛋、破蛋拣出,空位用好胚蛋填补或拼盘。最后记录无精蛋、死精蛋及破蛋数,登记入表,计算种蛋的受精率和头照的死胚率。

7. 晾蛋

通常孵鸭、鹅蛋必须晾蛋,孵鸡蛋则应视其孵化机性能、孵化制度、季节、胚龄、孵化室构造等因素而灵活掌握。方法是打开机门,或把蛋架车从机内拉出晾蛋。

8. 移盘

开动出雏机,定温、定湿、加水、调整好通风孔,备好出雏盘。将孵化后期的禽蛋,从孵化机的蛋盘中移到出雏盘或送入出雏机中继续孵化出雏(图 3-3-3)。移盘的时间为鸡胚孵化到 18～19 日龄(鸭胚为 25～26 日龄,鹅胚为 28～29 日龄),具体可掌握有 10%起嘴时移盘。此后停止翻蛋,增加水盘,提高湿度,准备出雏。

移盘时间可根据胚胎发育情况灵活掌握。最后一次照蛋时,如气室界限已呈波浪状起伏,气室下部黑暗,气室内见有喙的阴

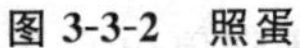

图 3-3-2　照蛋

图 3-3-3　种蛋移盘

影，或已开始啄壳，或喙已出壳，则胚胎发育良好，即可移盘；如胚蛋气室界限平齐，气室下部发红，则为发育迟缓，可推迟一段时间移盘。

9. 出雏、助产

(1)拣雏　发育正常的鸡胚满 20 d 就开始出雏，孵化的 20.5 d 出雏进入高峰，21 d 出雏全部结束。出雏前准备好装雏箱，在出雏期间关闭出雏器内的照明灯，使出壳雏鸡保持安静，以免影响出雏效果。在出雏高峰期，每 4 h 左右拣雏一次，也可出雏 30%～40%时拣第 1 次，出雏 60%～70%拣第 2 次，最后再拣一次并"扫盘"。拣雏时动作要快、轻，取出的雏鸡放入箱内，置于 25℃下存放。出雏期间不可经常打开出雏器门，以免温、湿度降低而影响出雏。拣出绒毛已干的雏鸡同时，拣出空壳蛋壳，以防蛋壳套在其他胚蛋上闷死雏鸡。大部分出雏后，将已啄壳的胚蛋并盘集中，放在上层，以促进弱胚出雏。

(2)助产　出雏快结束时，对已啄壳但无力自行破壳的，尿囊血管已经干枯的，可进行人工助产。把蛋壳膜已枯黄的胚蛋，轻轻剥离粘连处，把头、颈、翅拉出壳外，令其自行挣扎出壳，不能全部拉出，以防出血而引起死亡。

10. 清洗消毒

出雏完毕，抽出出雏盘、水盘，拣出蛋壳，彻底打扫出雏器内的绒毛、污物和碎蛋壳，再用蘸有消毒水的抹布或拖把对出雏器底板、四壁清洗消毒。出雏盘、水盘洗净、消毒、晒干，彻底清洗干湿球温度计的湿球纱布及湿度计的水槽，纱布最好更换。全部打扫、清洗彻底后，再把出雏用具全部放入出雏器内，熏蒸消毒备用。

11. 停电时的措施

孵化场应备有发电机，以供停电时使用。遇到停电首先拉电闸。室温提高至 27～30℃，不低于 24℃。每 0.5 h 转蛋一次。在孵化前期要注意保温，在孵化后期要注意散热。孵化前、中期，停电 4～6 h，问题不大。在孵化中、后期停电，必须重视用手感或眼皮测温（或用温度计测不同点温度），特别是最上几层胚蛋温度。必要时，还可采用对角线倒盘以至开门散热等措施。

12. 注意事项

（1）孵化设备运行过程中，要注意观察机器工作状态，每 1～2 h 观察一次，并做好记录，发现异常情况及时处理。

（2）风门控制很重要，要经常检查设定位置是否合适，实际位置是否一致。

（3）观察记录翻蛋情况，蛋盘是否在左右两个倾斜位置上交替。

（4）蛋盘推入拉出时必须在水平位置进行。

（5）孵化过程中如果遇到停电时，应将机器的“总电源”开关关闭，等到来电后再打开机器正常工作。

（6）经常检查皮带的松紧度，过松则风量小，通风不良，机内温差大；过紧则会影响皮带及电机寿命。

(7)分批入孵时，新入孵种蛋的蛋盘要与原来的蛋盘间隔放置。

(8)开机后 4～5 h 要达到适宜温度。为使升温时间适宜，可采取种蛋入孵前预热、酌情关闭通气孔、提高室温等措施。

(9)在出雏期间，要按胚胎的发育情况、啄壳情况适当调节温度、湿度和通风。

三、制定孵化操作规程

(1)种蛋的选择标准、保存要求、消毒方法及操作要求。

(2)种蛋入孵前孵化机的检测及预热要求。

(3)整个孵化期对孵化条件的要求和调控及安全操作等技术要点。

(4)胚胎照检、落盘、出雏的技术要求。

(5)孵化期内停电发生故障时的具体技术措施。

(6)孵化期内的各项记录，孵化场的防疫卫生要求及操作要求。

四、孵化效果检查与分析

(一)灯光照检

利用照蛋灯的灯光，透过蛋壳观看种蛋的内部情况。

1. 头照(全检)

头照，鸡蛋在孵化 5 胚龄(黑眼)(鸭、火鸡蛋在孵化 6～7 胚龄，鹅蛋在孵化 7 胚龄)。检出无精蛋、死精蛋、破壳蛋，观察胚胎发育情况，调整孵化条件。正常：1/3 蛋面布满血管，可见到明显的胚胎黑眼(图 3-3-4)。异常：①受精率正常，发育略快，死胚蛋增多，血管出现充血，一般温度偏高。②受精率正常，发育略慢，死胚少，一般温度偏低。③气室大，死胚多。多出现血线、血环，有时粘于壳上，散黄蛋、“白蛋多”，一般是种蛋储存时间过长。

④胚胎发育参差不齐。机内温差大，种蛋贮存时间明显不一或种蛋来源于不同种鸡。

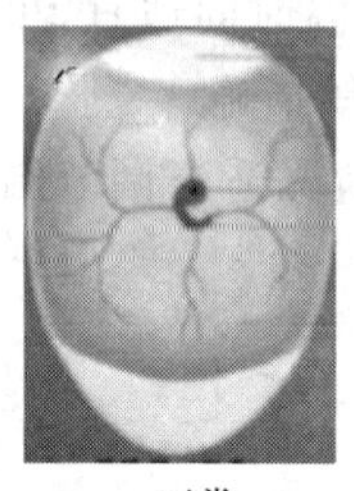
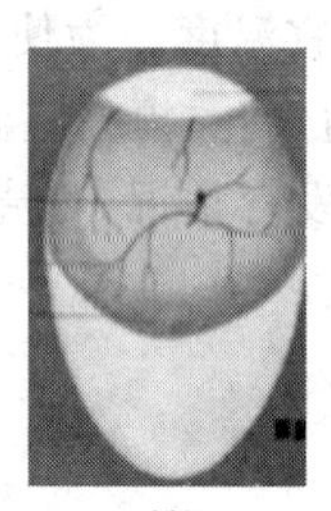
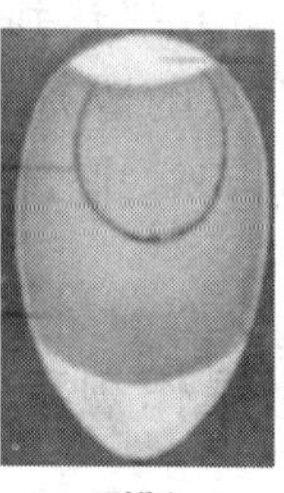
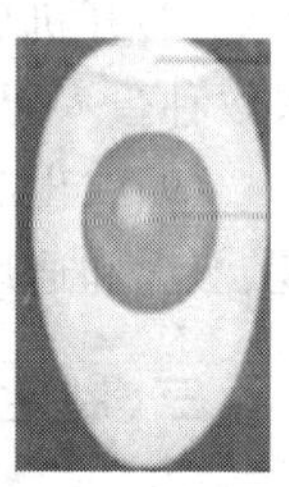

正常　弱胚　死胚　无精蛋

图 3-3-4　头照

2. 第 1 次抽检

鸡在 10～11 胚龄(合拢)(鸭、火鸡在 13～14 胚龄，鹅在 15～16 胚龄)进行，主要看鸡胚尿囊的发育情况，正常：入孵后的第 10 天，尿囊必须在种蛋背面合拢(图 3-3-5)，俗称“合拢”。尿囊血管应到达蛋的小端，这是判断胚胎发育是否正常的关键胚龄和特征。异常：①尿囊血管提前“合拢”，死亡率提高。孵化前期温度偏高。②尿囊血管“合拢”推迟，死亡率较低。温度偏低，湿度过大或种鸡偏老。③尿囊血管未“合拢”，小头尿囊血管充血严重，部分血管破裂，死亡率高。温度过高。④尿囊血管未“合拢”，但不充血。温度过低，通风不良，翻蛋异常，种鸡偏老或营养不全。⑤胚胎发育快慢不一，部分胚蛋血管充血，死胎偏多。机内温差大，局部超温。⑥胚胎发育快慢不一，血管不充血。贮存时间明显不一。⑦头位于小头。一般是大头向下。⑧孵蛋爆裂，散发恶臭气味。脏蛋或孵化环境污染。

3. 第 2 次抽检

在第 17 天进行，主要看胚胎对蛋白的利用情况。正常：以小头对准光源照蛋，小头再也看不到发亮部分或仅有少许发亮。俗

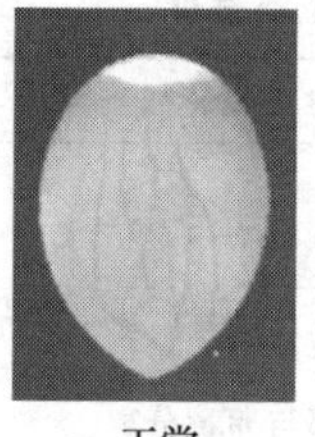

正常

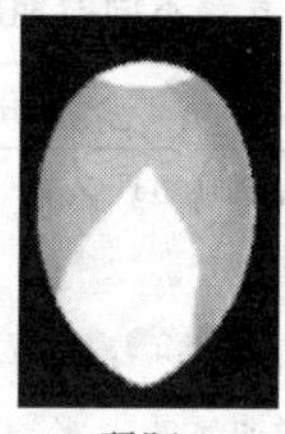

弱胚

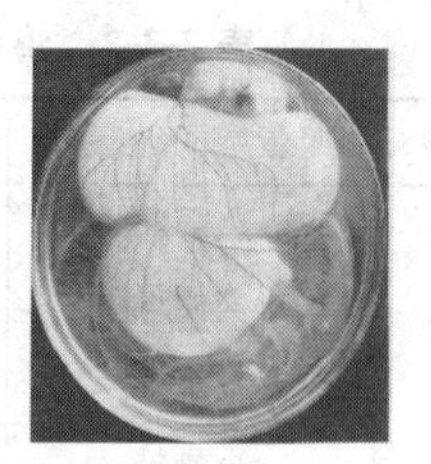

死胚

图 3-3-5　抽检

称“封门”。异常:①“封门”延迟,气室小,胚胎发育滞后。温度偏低或湿度偏高。必须及时调整孵化条件,并推迟出壳。②“封门”提前,血管充血。温度偏高。及时调整孵化条件,并提前出壳。③不“封门”。温度过高或过低,翻蛋不正常,种鸡偏老,饲料营养不全或通风不良,找出原因,及时调整。

4.二照(全检)

在移盘前进行,鸡 18～19 胚龄(鸭、火鸡 25～26 胚龄,鹅 28 胚龄)。取出死胚蛋,然后把胚蛋移到出雏机。发育正常的胚蛋,可在气室交界处见到粗大的血管,第 18 天可见到气室出现倾斜。第 19 天雏鸡喙部已啄破壳膜向气室,胚蛋气室处有黑影闪动,俗称“闪毛”(图 3-3-6)。鸡胚胎逐日发育及照蛋特征简况见表 3-3-3。

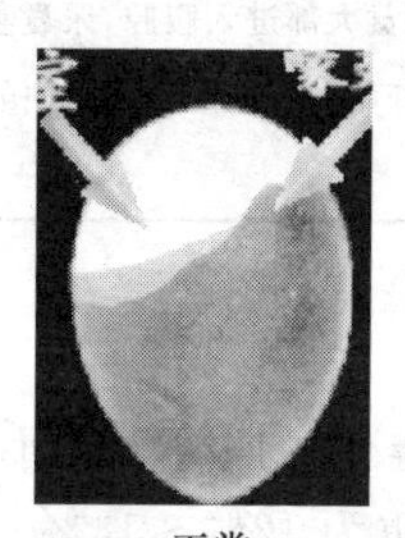

正常

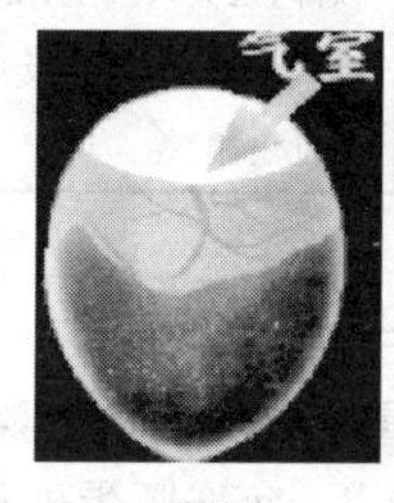

弱胚

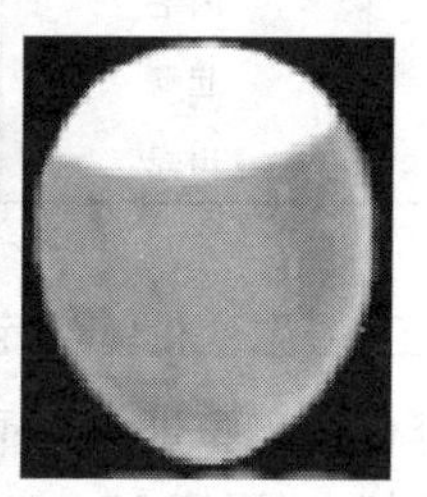

死胚

图 3-3-6　二照

表 3-3-3　鸡胚胎发育不同时期的外部特征

鸡胚龄	照蛋特征(俗称)	胚胎发育主要特征
1	鱼眼珠	器官原基出现。
2	樱桃珠	出现血管。
3	蚊虫珠	眼睛色素沉着,出现四肢原基。
4	小蜘蛛	尿囊明显可见,胚胎头部与卵黄分离。
5	单珠	眼球内黑色素大量沉着,四肢开始发育。
6	双珠	胚胎躯干增大,活动力增强。
7	沉	出现明显鸟类特征,可区分雌雄性腺。
8	浮	四肢成形,出现羽毛原基。
9	发边	羽毛突起明显,软骨开始骨化。
10～10.5	合拢	尿囊合拢,胚胎体躯生出羽毛。
11	从 11～	尿囊合拢结束。
12	16 d 的逐日变化	蛋白由浆羊膜道输入羊膜囊中。
13	血管加粗	开始吞食蛋白,躯体被覆绒羽,胚胎迅速增长。
14	颜色加深	胚胎转动与蛋的长轴平行,头向气室。
15	胚体加大	体内外器官基本形成,喙接近气室。
16	封口	绝大部分蛋白输入羊膜腔,冠和肉髯明显。
17		蛋白全部输入羊膜腔,蛋小头暗不透明。
18	斜口	气室倾斜,喙伸向气室,蛋黄开始进入腹腔。
19	闪毛	颈部、翅突入气室,蛋黄大部进入腹腔,尿囊萎缩。
20	起嘴	喙进入气室,肺呼吸开始,大批啄壳,少量出雏。
21	出壳	大批出雏。

(二)蛋重变化的测定

孵化期间胚蛋的失重是不均匀的。孵化初期失重较小,第 2 周失重较大,而第 17～19 天,允许胚蛋失重为 12%～14%。在开始孵化至移盘时,平均每天减重为 0.55%,出壳重为 60% 种蛋重。孵化过程中测量蛋重减轻比例,用来判断胚胎发育是否正常。在入孵前称测一个盘的蛋重,求出每个蛋的平均重量。孵化过程中,检出无精蛋和中死蛋,称量所剩活胚蛋的重量,求出每个活胚平均蛋重,然后计算出各阶段的减重百分率并与正常减重率比较,判断减重情况是否正常。如果不正常,对孵化温湿度进行调节。也可通过气室大小进行判断:如果蛋的减重超过标准,则照蛋时气室很大,可能是湿度过低。如果低于标准过远,则气室小,可是湿度过大或蛋的品质不良。

(三)出雏过程的检查

1.啄壳情况的检查

孵化满 19 d 后,结合移蛋观察破壳情况,满 20 d 以后,每 6 h 观察一次出壳情况,判断啄壳出壳时间是否正常。

(1)啄壳时间的检查　禽蛋的啄壳时间是相对恒定的,若出雏高峰提前或推迟,预示着用温可能偏高或偏低。

(2)啄口位置与形状的检查　啄口位置应在蛋的中线与钝端之间,啄口呈“梅花”状清洁小裂缝。若在小头啄壳,说明胎位不正;若啄壳的位置在钝端很高的地方,说明雏鸡通过小的气室来啄壳,可能湿度偏大;若啄口有血液流出,可能用温不当。

2.检查出雏情况

(1)出雏高峰时间的检查　若出雏高峰期比正常提前或推迟,可能用温偏高或偏低。无明显的出雏高峰期,这可能与机内温差大、种蛋贮存时间明显不一或种蛋源于不同鸡龄的种鸡等有关。

(2)出壳鸡的检查　观察雏鸡活力及结实程度,体重大小,卵黄吸收情况,绒毛色泽、长短及整治度,喙、脚、跗部的表现。①绒毛“胶毛”。一般为温度过高过低、蛋贮存期过长或翻蛋异常。②雏鸡出壳拖延、软弱无力、腹大、脐收不全、“胶毛”。用温偏低或湿度过大。③雏鸡干瘪,有的肠管充血拖在外面,卵黄吸收不良。一般是整个孵化期用温偏高。④雏鸡出现无头颅、瞎眼、弯趾、鹦鹉喙、关节肿大等畸形症状。与遗传、早期高温孵化或营养缺乏有关。⑤腿脚皱缩、腿部静脉血管突出或口内组织色深且异常干燥。出雏机湿度太低以及雏鸡在出雏机内所停留时间过长而引起的脱水症状。⑥跗部色红。出壳困难的表现。⑦雏鸡喘息。温度过高、缺氧或传染病。

3.死雏、死胚的外表观察及剖检

出雏时随机抽测5%左右的毛蛋，检查其胎位、绒毛、体表出血或瘀血、水肿等；解剖部分死雏、死胚，注意辨认羊膜、尿囊和卵黄囊。检查时首先根据胚胎发育情况判定死亡日龄，注意皮肤、肝、胃、心脏等主要内脏器官，胸腔以及腹膜等的病理变化，如充血、贫血、出血、水肿、肥大、萎缩、变性、畸形等，以确定胚胎的死亡原因。对于啄壳前后死亡的胚胎还要观察胎位是否正常(正常胎位是头颈部埋在右翅下)。

(四)死亡曲线绘制与分析

在孵化期内，胚胎死亡分布是不均衡的，而是存在着两个死亡高峰，第一个死亡高峰出现在孵化前期(3～5 d)，第二个死亡高峰出现在孵化后期(18 d以后)。根据胚胎的死亡日龄绘制曲线。如果初期死亡率过高，多半是由于种蛋保存不好，种鸡患病等；中期死亡率过高，多是由于种鸡营养不良。末期死亡率过高，多是由于孵化条件不良所致。

(五)孵化效果的分析

出壳的雏鸡体格健壮，精神活泼，大小均匀，绒毛清洁，出壳时间较集中，残次雏少，孵化成绩优良。反之则孵化效果不良。

1.孵化各期胚胎死亡的原因分析

(1)前期死亡　种蛋的营养水平及健康状况不良。主要是缺维生素A、维生素B、维生素E、维生素K和生物素，感染白痢、伤寒，种蛋贮存时间过长、保存温度过高或受冻，种蛋熏蒸消毒不当，孵化前期温度过高或过低，种蛋运输时受剧烈振动，种蛋受污染，翻蛋不足。

（2）中期死亡　种鸡的营养水平及健康状况不良。维生素B或硒缺乏症，缺维生素时多出现水肿现象；感染白痢、伤寒、副伤寒、沙门氏菌、传支等；污蛋未消毒，孵化温度过高，通风不良。

（3）后期死亡　种鸡的营养水平差，如缺乏维生素 B_{12}、维生素D、维生素E、叶酸或泛酸，钙、磷、锰、锌或硒缺乏，蛋贮放太久，细菌污染，小头朝上孵化，翻蛋次数不够，温度、湿度不当，通风不足，转蛋时种蛋受寒，细菌污染。

（4）啄壳后死亡　若洞口多黏液，主要是高温高湿；出雏期通风不良；在胚胎利用蛋白时遇到高温，蛋白未吸收完，尿囊合拢不良，卵黄未进入腹腔；移盘时温度骤降；种鸡健康状况不良（感染新城、传支、白痢、伤寒或副伤寒等）；小头向上孵化；头两周内未转蛋；转蛋时将蛋碰裂，18～20 d孵化温度过高，湿度过低。

（5）已啄壳但雏鸡无力出壳　种蛋贮放太久；入孵时小头朝上；孵化器内温度太高或湿度太低或翻蛋次数不够，饲料中维生素或微量元素不足。

2.孵化条件不当对孵化效果的影响与分析

（1）温度偏低　孵化温度偏低，将延长种蛋的孵化时间，胚胎发育迟缓，气室偏小，胚胎死亡率相应增加，初生雏鸡质量下降。小鸡表现为：脐带愈合不好，体弱、站不稳，腹部膨大，在蛋壳中常见有残留未被利用的蛋白和胎粪。在孵化的任何日龄对胚蛋长久和强烈低温时，胚胎会进入特殊的假死状态，最终死亡。低温时对胚胎发育的影响与胚龄、持续时间和温度降低的程度密切相关，胚龄越小影响越大，持续时间越长影响越大。

（2）温度偏高　在尿囊合拢之前的孵化温度偏高能促进胚胎的生长和发育，但在尿囊合拢之后的高温会抑制胚胎的生长和发育。当孵化温度超过42℃，胚胎在2～3 h死亡，如头两天孵化温度过高，在第 5～6 天出现粘壳胚蛋较多，畸形增多；在第 3～5 天孵化温度过高，尿囊“合拢”提前；在长久的过热条件下，幼雏的啄壳和出壳提前开始，有时可提前到第 18 天，但出壳不整齐，出雏时间要拖长；若短期强烈温度偏高，尿囊合拢提前，尿囊血液呈暗黑色，解剖 19 d 后的胚蛋可见皮肤、肝、脑和肾有点状出血，胚胎的错位增多，多为头弯在左翅下或两腿间。在孵化后期长时间温度偏高时，将使幼雏收脐未完全已出壳，出雏较早但出雏持续时间延长，破壳后死亡多，解剖可见卵黄囊大而未被吸入腹腔，剩余尚未被利用的黏稠的蛋白，色浅黄，头和足位置不正，皮肤、卵黄囊、心脏、肾脏和肠充血，肝多呈暗红色，充满血液。

温度偏高所孵出的雏鸡一般表现为：体型瘦小，许多雏鸡脐环扩大，卵黄囊收缩不完全（钉脐）的比例增大。

(3)湿度过高　湿度过高时，胚胎发育迟缓，胚蛋失重不足（1～18 d 正常失重率为 10.3%～13.5%）常见现象有胚蛋气室小、尿囊合拢迟缓、雏鸡精神不振，腹部膨胀、绒毛较长、脐部愈合不良，很多雏禽陆续死亡于出壳后 1 周之内。闷死在蛋壳里的幼雏，黏液包裹着幼雏的喙或从啄壳部位溢出，并迅速干涸，从而使胚胎窒息死亡，或啄和头部绒毛与蛋壳粘连，使雏禽头部不能活动。啄壳时洞口黏液多、喙粘在壳上，解剖常见蛋中仍留有羊水、尿囊液和未被利用的蛋白，卵黄呈绿色，胃、肠充满黏性的液体。

(4)湿度偏低　湿度过低时，胚胎生长发育稍加快，出壳时间提前，胚胎死亡率与相对湿度偏低的程度呈负相关，相对湿度越低，胚胎死亡率越高。蛋内水分蒸发过快，气室增大，啄壳部往往在靠近禽蛋的中央处（正常为 1/3 处），雏鸡表现为：体型瘦小，绒毛较短且干燥无光泽、发黄、有时粘壳，这些症状和过热的结果相似。剖解死胚可见羊水完全消失，绒毛干燥，卵黄黏滞。此外，由于缺少羊水的润滑作用，雏禽难以围绕蛋的纵轴翻转，小雏难以破壳出来,以使助产增多,在这样的情况下啄壳会导致尚未萎缩的尿囊血管机械性损伤而出血,常见蛋壳干燥,有出血的痕迹。

(5)通风不良　在孵化过程中,胚胎发育要不断进行气体交换,吸入氧气和排出二氧化碳气体。当孵化机内含氧量低于21%时,每降低1%的含氧量,孵化率将降低5%左右。含氧量高于21%,也会降低孵化率。若出现机内二氧化碳含量高于0.5%时(应保持在0.2%左右),将对孵化率产生影响,高于2%,孵化率急剧下降,超过5%时,孵化率为零。

通风换气、温度和湿度三者有密切的关系。通风换气增大时,对温度、湿度均为降低;通风换气不良时,机内外空气不流通,湿度增高,当环境温度增高时,易出现超温,冷却频繁,对温度均匀性有影响。通风换气与胚胎二者之间也有密切的关系,在孵化过程中,胚胎除了与外界不断进行气体交换外,还不断与外界进行热能交换。尤其孵化后期,胚胎代谢热随胚龄不断增大,如果热量散不出去,机内集温过高,将严重影响胚胎正常发育,以至引起胚胎死亡率加大。例如,入孵第19天产生的热量是第4天的230倍左右。因此,在孵化过程中,一定要做好室内和孵化器的通风换气。

通风不良主要导致胚胎发生氧饥饿,当胚胎在严重氧饥饿条件下呼吸停止,CO_2 在体内积聚。低浓度氧气对胚胎死亡率的影响:作用时的胚龄越大,死亡率越高;作用时间越久,死亡率越高。解剖常见胎位异常增多,足盘在头颈部上面,啄壳部位多在中腰线或小头啄壳,羊水中有血液,内脏充血、尿囊血管充满血液,皮肤和其他器官充血、出血与急性过热相似。雏鸡出壳不集中,雏鸡不能站立,蛋壳易粘绒毛。

(6)翻蛋不正常和翻蛋不够　翻蛋不正常和翻蛋不够的结果:蛋黄粘于壳膜上,合拢时尿囊不能包围蛋白,到后期影响蛋白的吸收。如翻蛋不够多表现为:产生更多的缺陷鸡,如跛脚、蛋白吸收不良等，早期的死亡增多；如后期翻蛋过多，同样会增加胚蛋的死亡。

3. 种蛋质量影响分析

(1)胚胎营养不良　在胚胎发育中，由于禽蛋维生素、矿物质和蛋白质等含量不足或过量以致新陈代谢受破坏，从而导致一系列胚胎发育异常。胚胎营养不良时，胚胎生长严重受阻，胚体发育不均衡，腿短小，头膨大，肢骨弯曲，关节粗大而变形，皮肤严重水肿，羽毛发育不良，蛋白和卵黄不能被充分利用，通常还表现为卵黄稠密、粘污，羊膜腔内含有黏性胶状液体。

(2)氨基酸过多症　过量的氨基酸，会使胚胎出现脑的各部分发育不均衡，喙发育异常(短或弯曲)，肢和脊椎弯曲，躯干缩短以及内脏器官外露等。

(3)维生素 A 缺乏　种鸡维生素 A 缺乏时，种蛋的受精率降低，胚胎死亡率和畸形率增加。维生素 A 的缺乏程度与胚胎死亡率成正比例。维生素 A 如严重缺乏时，胚胎发育迟缓，在孵化后期死亡的胚胎中，可见皮肤或羽毛有色素沉着、失去光泽、眼肿胀、呼吸道、消化道上皮角质化，出壳延长，幼雏中出现许多弱雏，常见有结膜炎、眼结膜粘连、鼻腔内充满黏液等症状。雏禽在育雏的最初几天内，淘汰率增加，主要是因为对传染病敏感性提高以及外界环境不良影响的抵抗力降低引起的。

(4)维生素 B_2 缺乏　维生素 B_2 缺乏时，鲜蛋表现为蛋白稀薄，蛋壳粗糙，最特殊症状表现在第 10～13 天出现死亡高峰，活胚发育迟缓，第 13～21 天的死亡率也很高。剖视死胎可见胚胎营养不良，躯体细小、关节明显变形。颈弯曲，绒毛萎缩、脑浮肿。雏禽体质差，淘汰率明显剧增，主要表现为颈、脚麻痹，鹰爪趾、体质软弱等。

(5)蛋白中毒　表现为鲜蛋蛋白稀、蛋黄流动。第 19 天死亡率增高。胚胎营养不良，发育迟缓，脚短而弯曲，腿关节变粗，鹦鹉喙,弱雏增多,颈脚麻痹。

(6)维生素E缺乏症 当种鸡缺少维生素E时,胚胎发育的最初几天起,生长缓慢。由于血液循环系统异常,致使孵化的第7天死亡率增加。卵黄囊内的中胚层扩大,从而出现瘀血和急性出血,最终死亡,在孵化的后期也出现死亡率增高。常见眼的晶状体混浊,玻璃体出血,角膜产生斑点,从而导致出壳的幼雏失明。此外,幼雏呆滞,骨骼肌发育不良,胃肠道弛缓。营养性胚胎病其症状的重要特征是:骨骼早期发生变形,软骨,因而产生胚胎肢体短缩,骨骼发育明显受阻。与此同时,其他组织器官发育异常,如羊水稠度高,蛋白、蛋黄利用不完全,皮肤水肿、结节状绒毛。形态学上表现为,胚体小,两肢短缩,关节肿大畸形,骨干弯曲,颅骨开裂,颈弯曲等。

(六)计算孵化率

孵化率有两种计算方法,公式如下:

$$入孵蛋孵化率=\frac{出雏数}{入孵蛋总数}\times100\%$$

$$受精蛋孵化率=\frac{出雏数}{受精蛋数}\times100\%$$

优良的孵化效果:入孵蛋孵化率90%以上,无精蛋为5%,头照死精蛋2%左右,二照死胚蛋为2%~3%,落盘后死胚蛋就5%。

【知识链接】

表3-3-4 孵化条件

孵化条件	入孵机	出雏机
温度/℃	37.8	37.2~37.5
湿度/%	55	65
通气孔	全开	全开
翻蛋	每2 h 1次	停止

【提交作业】

1.有孵化机4台(各容10 000枚蛋),出雏机2台(各容7 000枚蛋),从3月1日开始孵化,至6月20日止,在尽可能有效利用孵化器条件下,计算一共可孵化多少批,每批入孵蛋数,入孵日期,每批计划出雏数和总出雏数,并将计算结果按表3-3-5所列格式写出(已知:种蛋受精率90%,受精蛋孵化率95%,健雏率98%)。

表3-3-5　孵化记录

批次	入孵日期	入孵蛋数/枚	出雏日期	计划出雏数/只	健雏数/只	备注

2.一批种蛋孵化情况如下:入孵11 000枚种蛋,检出头照无精蛋650枚,死精蛋285枚。二次照蛋检出死胚蛋130牧,最后出健雏9 700只,弱雏150只。计算这批种蛋入孵蛋孵化率和受精蛋孵化率;绘制胚胎死亡曲线;并分析孵化效果。

【任务评价】

工作任务评价表

班　级		学号		姓名	
企业(基地)名称		养殖场性质		岗位任务	人工孵化技术

一、评分标准

说明:考核共5项,总分100分;分值越高表明该项能力或表现越佳,综合评分为各项评分的综合。90分以上优秀,75≤分数<90良好,60≤分数<75合格,60分以下不合格。

续表

考核项目	考核标准	得分	考核项目	考核标准	得分
综合素质(55分)			专业技能(45分)		
专业知识(15分)	入孵前的准备；孵化的日常管理；孵化效果检查；孵化效果分析。		孵化前的准备(15分)	孵化计划制订合理；验表试机正确；孵化室、孵化器的消毒彻底；码盘、入孵符合要求。	
工作表现(15分)	态度端正；团队协作精神强；质量安全意识强；记录填写规范正确；按时按质完成任务。		孵化的日常管理(20分)	及时对孵化器的温湿度进行观察和调节；及时检查翻蛋和通风系统；移盘、出雏时间确定合理，方法正确，效果好。	
学生互评(10分)	根据小组代表发言、小组学生讨论发言、小组学生答辩及小组间互评打分情况而定。		孵化效果的检查(5分)	照蛋时间正确，及时检查种蛋的发育情况；利用称量和观察气室大小准确了解种蛋的失重情况；结合啄壳、出壳和初生雏的观察较好的判定孵化效果。	
实施成果(15分)	入孵前的准备工作充分；孵化的日常管理符合技术要求；孵化效果检查与分析正确。		孵化效果分析(5分)	依据出壳雏鸡的健康状况和孵化率的计算，对孵化效果进行正确分析。	

综合分数:______分　　优秀(　)　　良好(　)　　合格(　)　　不合格(　)

二、综合考核评语

（该学生是否掌握了该岗位的专业知识、专业技能及掌握程度，能否通过该岗位技能考核）

老师签字：

日　　期：

说明：此表由校内教师或者企业指导教师填写。

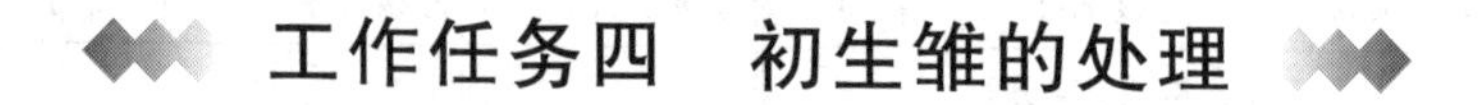

工作任务四　初生雏的处理

【任务描述】

在养鸡场，对初生雏鸡进行挑选与分级，选留健雏，淘汰残雏；采用翻肛法和伴性性状鉴别法对雏鸡进行雌雄鉴别；对种用雏鸡进行剪冠和断趾。

【任务情境】

校外实训基地双A或艾维茵父母代种鸡场，学生分成4组，每组一个操作台，并配有台灯，采用翻肛法或羽色、羽速法对雏鸡进行雌雄鉴定。

【任务实施】

一、初生雏的挑选与分级

(一)初生雏的挑选

对初生的雏鸡进行挑选，选留健雏，淘汰残雏。健雏的特征：羽毛整洁且富有光泽；腹部宽大平坦，大小适中，柔软，卵黄吸收良好；脐部无血痕，愈合良好，紧而干燥，表面有绒毛覆盖；活泼好动，眼大有神，向外突出；反应敏捷；饱满有弹性，温暖、挣扎有力；叫声响亮；大小均匀，体重符合标准(图3-4-1)。选择的方法：

1. 看

就是观察雏鸡的精神状态。健雏活泼好动，眼亮有神，绒毛整洁光亮，腹部收缩良好。弱雏通常缩头闭眼，伏卧不动，绒毛蓬乱不洁，腹大松弛，腹部无毛且脐部愈合不好，有血迹、发红、发黑、钉脐、丝脐等。

图 3-4-1 初生雏鸡的挑选与分级

2. 听

就是听雏鸡的叫声。健雏叫声洪亮清脆。弱雏叫声微弱，嘶哑，或鸣叫不休，有气无力。

3. 摸

就是触摸雏鸡的体温、腹部等。随机抽取不同盒里的一些雏鸡，握于掌中，若感到温暖，体态匀称，腹部柔软平坦，挣扎有力的便是健雏；如感到鸡身较凉，瘦小，轻飘，挣扎无力，腹大或脐部愈合不良的是弱雏。

（二）初生雏的分级

1. 健雏

活泼好动，反应灵敏，叫声洪亮，眼睛明亮而有神。羽毛光亮、整洁。脐带愈合良好，腹部大小适中，两脚站立稳健，喙、胫、趾色泽鲜浓，手握有弹性。这一部分雏鸡是主要的育雏对象。将健雏放在专用的有分隔的雏鸡盒内，置于 22～25℃ 的暗室，准备接运。

2. 弱雏

反应迟钝，常萎缩不动，羽毛污秽，腹部过大，脐带愈合不良或带血，喙、胫、趾色淡，体重过轻。这一部分雏鸡应特殊照顾。

3.残雏

外观有明显的残疾,如“剪子嘴”、脑壳愈合不完全、颈部扭曲呈“观星”姿势、脚趾弯曲、卵黄或肠在腹腔外等,这部分雏鸡是被淘汰的对象。

二、初生雏的雌雄鉴别

(一)翻肛鉴别法

最适宜的鉴别时间是在出雏后 2～12 h,以不超过 24 h 为宜。

1.初生雏鸡的鉴别

(1)抓雏、握雏

①夹握法　右手掌心贴雏背将雏抓起,然后将雏鸡迅速移交放在排粪缸附近的左手,使雏背贴于左掌心,肛门向上,雏颈轻夹于中指与无名指之间,双翅夹在食指与中指之间,无名指与小指弯曲,将两脚夹在掌面,见图 3-4-2A。

②团握法　左手将鸡抓起,掌心贴雏背,雏鸡的肛门朝上,将雏鸡团握在左手中,雏的颈部和两脚任其自然(图 3-4-2B)。

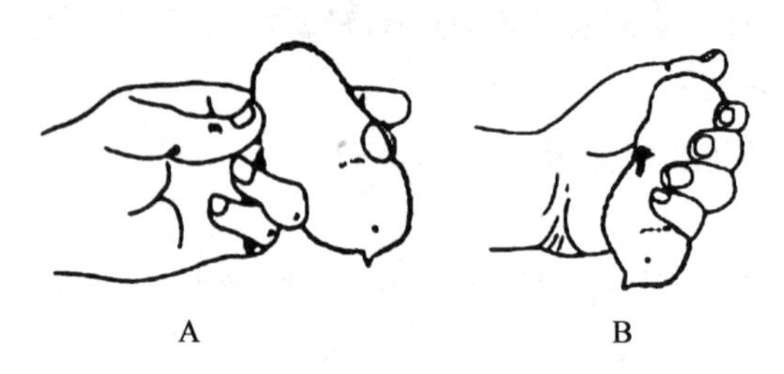

图 3-4-2　握雏手法

A.夹握法　B.团握法

(2)排粪、翻肛

①鉴别观察前,先将粪便排出,左手拇指轻压腹部左侧髋骨下缘,借助雏鸡呼吸将粪便挤入排粪缸中。

②翻肛操作：左手握雏，左拇指从前述排粪的位置移至肛门左侧，左食指弯曲贴于雏鸡背侧，与此同时右食指放在肛门右侧，右拇指侧放在雏鸡脐带处，见图 3-4-3 左，右拇指沿直线往上顶推，右食指往下拉，左拇指也往里挤，三指共同往肛门处收拢，在肛门处形成一个小三角区，三指凑拢一挤，肛门即可翻开，见图 3-4-3 右。

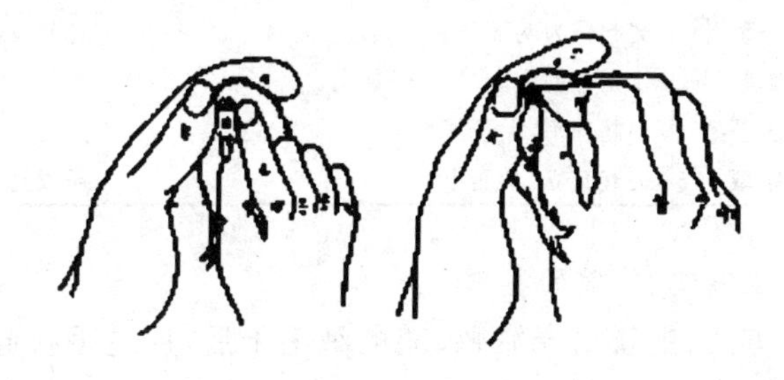

图 3-4-3　翻肛手势

(3)鉴别、放雏　在带有反光罩的 40～60 W 的乳白灯泡下根据生殖隆起(图 3-4-4)的有无和形态差别，便可判断雌雄。如看到很小的粒状阴茎突起，就是雄雏鸡，无突起的就是雌雏鸡。准确率可达 95%以上。遇生殖隆起一时难以分辨时，也可用左拇指或右食指触摸，观察其充血和弹性程度。

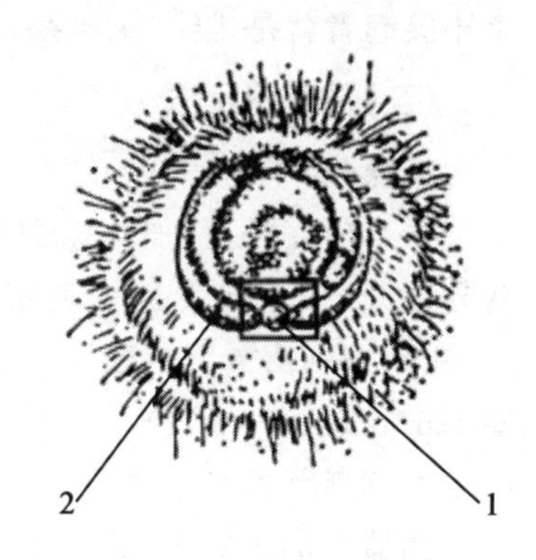

图 3-4-4　雏鸡的生殖隆起

1. 生殖突起　2. 八字皱襞

(4)判别标准　初生雏鸡有无生殖隆起是鉴别雌雄的主要依据；但部分初生雌雏的生殖隆起仍有残迹，这种残迹与雄雏的生殖隆起，在组织上有明显的差异，见表 3-4-1。

表 3-4-1 初生雏鸡生殖突起形态特征

性别	类型	生殖突起	八字皱襞
雌性	正常型	无	退化
	小突起	突起较小,隐约可见,不充血,突起下有凹陷	不发达
	大突起	突起稍大,不充血,突起下有凹陷	不发达
雄性	正常型	突起饱满,大且圆,轮廓明显,充血	很发达
	小突起	小而圆	比较发达
	分裂形	突起分为两部分	比较发达
	肥厚型	比正常型大	发达
	纵平型	突起扁平,大且圆	发达且不规则
	纵型	突起直立,尖而小	不发达

2.初生雏鸭、雏鹅的鉴别

操作方法:当新出壳雏鸭、鹅的绒毛干后,用左手托起雏鸭,雏鹅以大拇指和食指轻轻挟住其颈部,用右手的大拇指和食指平捺肛门下方,先向前按,再随着向后退,此时在肛门下方可看到有个小突起者就是雄雏鸭、雏鹅,无突起的就是雌雏鸭、雌鹅。

(二)羽速鉴别法

1.操作

雏鸡出壳后,稍加休息即可进行鉴别。左手握住雏鸡,右手将翅展开,从上向下进行观察。覆主翼羽从翼面的近下缘处长出,主翼羽则由翼下缘处长出。鉴别的要领是比较主翼羽和覆主翼羽的长短。

2.判断标准

当雏鸡的主翼羽长于覆主翼羽(图 3-4-5)时,为母雏。主翼羽短于或等于覆主翼羽(图 3-4-6)的雏鸡为公鸡。

(三)羽色和羽斑鉴别法

将雏鸡放在操作台上观察其羽毛颜色,金黄色羽毛的公鸡(ss)与银白色羽毛的母鸡(S_)杂交,其后代具有金黄色羽毛雏

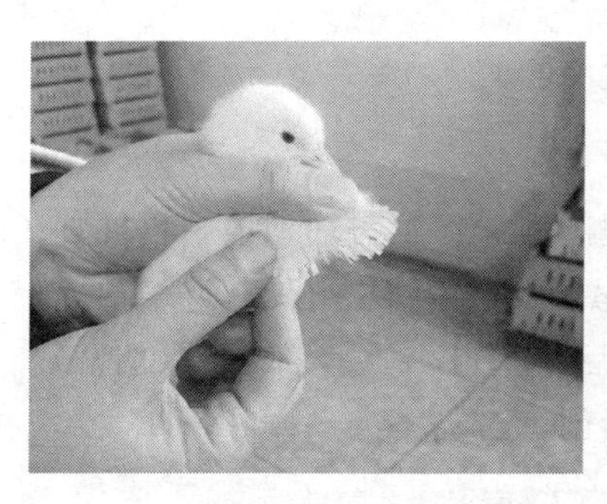

图 3-4-5　母雏

图 3-4-6　公雏

鸡为母鸡，具有银白色羽毛的雏鸡为公鸡。例如，褐壳蛋系鸡中，海兰、罗曼、依莎、迪卡、罗斯等商品代雏鸡具有金黄色羽毛的雏鸡为母鸡，具有银白色羽毛的雏鸡为公鸡。

三、初生雏的免疫(图 3-4-7)

1. 初生雏鸡的免疫

在孵化场内要接种的疫苗主要是鸡马立克氏病疫苗，雏鸡出壳后 24 h 内皮下注射鸡马立克氏病疫苗，以预防鸡马立克氏病。

2. 初生雏鹅的免疫

初生雏鹅在 24 h 内，出售前皮下注射抗雏鹅新型病毒性肠炎-小鹅瘟二联高免血清或卵黄抗体。

图 3-4-7　初生雏的免疫

四、初生雏的剪冠与断趾

1. 剪冠

在出壳 24 h 内剪冠，先用碘酒棉球将鸡冠部羽毛消毒处理，同时使鸡冠充分暴露，便于剪冠操作。左手握鸡，固定好头部，右手用眼科剪刀贴冠基部从前向后将冠叶一次全部剪掉（图 3-4-8）。剪完后用碘酒棉球再次消毒创口。

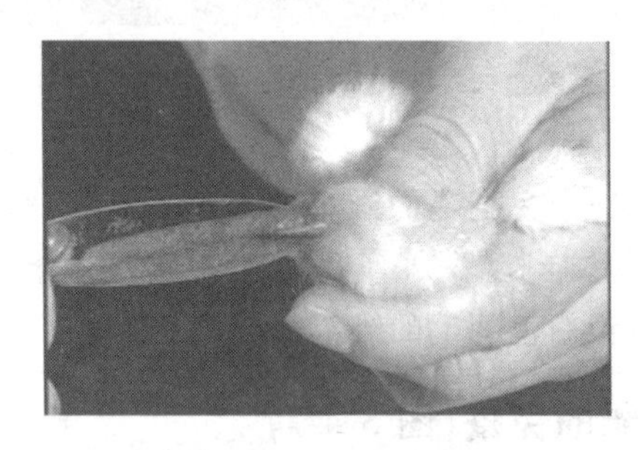

图 3-4-8　雏鸡剪冠

2. 断趾

在 1～3 日龄或断喙时切趾，操作时左手握鸡，右手的拇指和食指固定鸡爪，用切趾器或断喙器切去第 1 和第 2 趾的趾爪，把趾尖的外关节切去。如果为了做标记，可根据需要切趾。

五、雏禽的包装与发运

雏鸡出壳后，经过一段时间绒毛干燥、选择、鉴别、标号处理后就可以接运了。接运的时间越早越好，即使是长途运输也不要超过 48 h，最好在 24 h 内将雏鸡送入育雏舍内。雏鸡在孵化厅内，存放的室内温度应为 22℃。运雏时盒之间温度应保持在 20～22℃，每摞盒子不要超过 5 个，这时盒内的温度应在 30℃以上。时间过长对鸡的生长发育都有较大的影响。雏鸡的运输也是一项重要的技术工作，稍不留心就会造成较大的经济损失。实践证明，要安全和符合卫生条件地运输雏鸡，必须做好以下几方面的工作。

（一）运输前的准备工作

1. 选择好运雏人员

运雏人员必须具备一定的专业知识和运雏经验，还要有较强的责任心。能针对不同情况及时采取措施，避免雏鸡被热死、闷死、挤死、压死、冻死等情况的发生。

2. 准备好运雏工具

运雏用的工具包括交通工具、装雏箱及防雨保温用品等。交通工具（车、船、飞机等）视路途远近，天气情况和雏鸡数量灵活选择，但不论采用何种交通工具，运输过程都要求做到稳而快。长途运雏最好选择带有通风装置或冷暖空调的改装客车或运货卡车，以保证将雏鸡散发的大量热量排散出去，同时无论冬夏均能给雏鸡舒适的温度。装雏用具要使用专用雏鸡箱（图 3-4-9），运输箱的规格及容雏数量见表 3-4-2。

表 3-4-2　运输箱的规格及容雏数

规格（长×宽×高）/cm^3	容雏数/只
15×13×18	12
30×23×18	25
45×30×18	50
60×45×18	100（常用）
120×60×18	300

雏鸡专用包装盒，四周及上盖要打有若干个直径为 2 cm 的通风孔，盒的长、宽、高尺寸合适，肉种鸡盒要比蛋种鸡盒略大，内分 4 格，底部铺防滑纸垫，每格放 20～25 只鸡雏，炎热的夏季可每格放 20 只，每盒装 80 只，其他季节每格放 25 只，每盒装

100只。这样既有利于保温和通风，还可以避免鸡雏在盒内相互挤压、践踏或摇荡不安。

装车前要认真清点雏鸡数量、检查雏鸡质量并将车厢内温度调至25～28℃，车厢底部铺上利于通风的板条之类的装置，装车时将鸡盒按顺序码放，鸡盒与车厢体之间、鸡盒的排与排之间一定要留有空隙，同时留出人员能够进出的过道，以便路途上观察雏鸡状态并根据状态调整车内温度和鸡盒位置。

图3-4-9　雏鸡专用包装箱

3. 车辆及用具的消毒

对运雏所用的车辆、包装盒、工具以及运雏需要的服装、鞋帽等进行认真彻底地清洗和消毒。

(二)运输方法

(1)选择适宜的运雏时间。初生雏鸡体内还有少量未被利用的蛋黄，可以作为初生阶段的营养来源，所以雏鸡在48 h内可以不饲喂。这是一段适宜运雏的时间。此外还应根据季节和天气确定启运时间。夏季运雏宜在日出前或傍晚凉快时间进行，冬天和早春则宜在中午前后气温相对较高的时间启运。

(2)保温与通风。装车时要将雏鸡箱错开摆放，箱周围要留有通风空隙，重叠高度不要过高，每摞盒子不要超过5个。气温低时要加盖保温用品，但注意不要盖得太严。装车后要立即启运，运输过程中应尽量避免长时间停车。运输人员要经常检查雏鸡的情况，通常每隔 0.5～1 h 观察一次。如见雏鸡张嘴抬头，绒毛潮湿，说明温度太高，要掀盖通风，降低温度。如见雏鸡挤在一起，吱吱鸣叫，说明温度偏低，要加盖保温。当因温度低或是车子震动而使雏鸡出现扎堆挤压的时候，还需要将上下层雏鸡箱互相调换位置，以防中间、下层雏鸡受闷而死。

(3)车辆运行要平稳。尽量避免颠簸、急刹车、急转弯；起动和停车时，速度宜缓慢，以利于雏鸡适应车速的变化；上下坡宜慢行，以利于雏鸡保持重心，避免挤到一起而造成损伤；路面不平时宜缓慢，避免因速度快而加大震动；在平直和车辆较少的路段，应尽量快些。

(4)运输途中随时观察雏鸡的情况。如果发现雏鸡张嘴呼吸、叫声尖锐，表明车厢内温度过高，要及时通风；如果发现雏鸡扎堆，吱吱乱叫，表明车厢内温度过低，要及时做好保温工作。运输途中，最适宜温度是 25℃左右。运输过程中勿停车，随车人员应准备一些方便食物在车内就餐。

(5)雏鸡到达目的地后，应对车体消毒后再进入场内。卸车过程速度要快，动作要轻、稳，并注意防风和防寒。如果是种鸡，应根据系别、性别分别放入各自的育雏舍，做好隔离。打开盒盖，检查雏鸡状况，核实数量，填写运雏交接单。

(6)进舍后雏鸡的合理放置。先将雏鸡数盒一摞放在地上，最下层要垫一个空盒或是其他东西，静置半小时左右，让雏鸡从运输的应激状态中缓解过来，同时适应一下鸡舍的温度环境，然后再分群装笼。分群装笼时，按计划容量分笼安放雏鸡。最好能根据雏鸡的强弱大小，分开安放，弱的雏鸡要安置在离热源最近，温度较高的笼层中。少数俯卧不起的弱雏，放在 35℃的温热环境中特别饲养。这样，弱雏会较快的缓过劲来，经过三五天单独饲养护理，康复后再置入大群内，笼养时首先可以将雏鸡放在较明亮、温度较高的中间两层，便于管理，以后再逐步分群到其他层去。

【知识链接】

雏鸡的断喙

1. 断喙器的结构和使用方法

目前鸡场广泛使用的断喙器是台式断喙器。9DQ-4(图 3-4-10)型台式电动断喙器的结构和使用方法。

图 3-4-10 雏鸡断喙器

(1)断喙器的结构 9DQ-4 型台式电动断喙器由变压器、低速电机、冷却风机、电热动刀、定位刀片、电机启动船形开关、电热动力电压调节多段开关等组成。工作时,低速电机通过链杆转动机件,带动电热动刀上下运动,并与定位刀片自动对刀,快速完成切喙、止血、消毒等操作。

(2)断喙器的使用 将断喙器放置在操作台上,接通电源;旋动电压调节开关(电热动刀温度指数旋钮)、同时观察电热动刀刀片的红热情况,一般将刀温调到约 600℃(在背光条件下,电热动刀刀片颜色呈桃红色);打开电机及风扇船形开关,调节动刀运动速度;根据雏鸡大小选择放入鸡喙的定刀刀片的孔径,定刀刀片上有直径分别为 4.0 mm、4.37 mm 和 4.75 mm 的 3 个孔,一般将 6～10 日龄的雏鸡的喙放入直径为 4.37 mm 的孔断喙;如果发现刀片热而不红,先检查固定刀片的螺丝是否旋紧,再检查刀片氧化层的情况,氧化层过厚时,应拆下动刀刀片,用细砂纸清除氧化层;断喙结束后,拔下电源插头,关闭所有开关,待整机冷却后用塑料袋套好,以防积尘和潮湿。

2.断喙前的准备工作

(1)断喙前2～3 d,在每千克雏鸡饲料中添加2～3 mg的维生素K,以利于断喙过程中和断喙结束后止血。

(2)安装好断喙器电源插座,接通断喙器电源,检查断喙器运转是否正常。

(3)将准备断喙的鸡放入一个鸡笼(如果采用平面育雏方式,用隔网将雏鸡隔在育雏舍一侧),在准备放断喙后雏鸡的鸡笼内(或育雏舍的另一侧)放置盛适量清凉饮水的钟形饮水器。

3.断喙操作

(1)保定　雏鸡断喙采用单手保定法,用中指和无名指夹住雏鸡两腿,手掌握住躯干,将拇指放在雏鸡头部后端,食指抵住下颌,向后曲起,拇指和食指稍用力,轻压头部和咽部,使雏鸡闭嘴和缩舌,以免切喙时损伤口腔和舌头。

(2)切喙　选择适宜的定刀孔眼,待动刀抬起时,迅速将鸡喙前端约1/2(从喙尖到鼻孔的前半部分)放入定刀眼内,雏鸡头部稍向上倾斜。动刀下落时,自动将鸡喙切断。

(3)止血　将鸡喙切断后,使鸡喙在动刀上停顿2 s左右,以烫平创面,防止创面出血,同时也起到消毒和破坏生长点的作用。

(4)检查　烧烫结束后,使鸡喙朝向操作者,检查一下上下喙切去部分是否符合要求,创面是否出血等。如果不符合要求,再进行修补。

(5)放鸡　将符合要求的断喙雏鸡(图3-4-11)放入另一个鸡笼(或育雏舍的另一侧),使其迅速饮用清凉的饮水,以利于喙部降温。

4.断喙的技术要求

(1)正确使用断喙器,断喙方法、步骤正确。

(2)上喙切去1/2,下喙切去1/3,上喙比下喙略短或上下喙平齐。

(3)创面烧烫平整,烧烫痕迹明显,不出血。

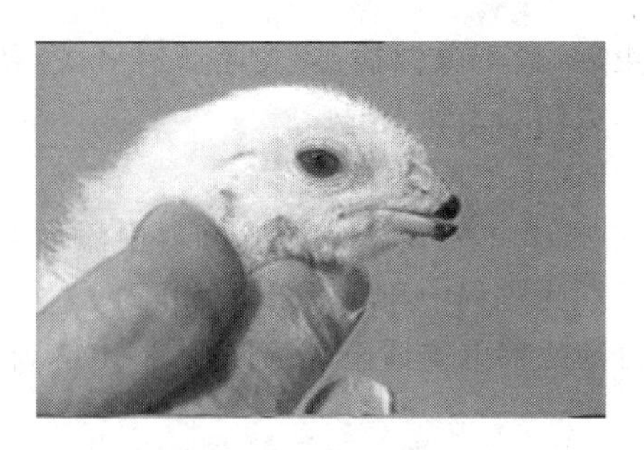

图 3-4-11　断喙的雏鸡

(4)放鸡后,雏鸡活动正常。

(5)断喙速度每分钟 15 只以上。

5.断喙注意事项

(1)断喙时,鸡群应该健康无病。鸡群患病或接种疫苗前后 2 d,不要进行断喙。

(2)断喙时,刀片的温度不能过高或过低。温度过高,容易导致雏鸡烫伤和过强应激反应;温度过低,不利于止血和破坏鸡喙的生长点。

(3)断喙后 3 d 内应该在料槽中多添加一些饲料,以利于雏鸡采食,防止料槽底碰撞创面导致创面出血。

【提交作业】

在鸡场,对羽色或羽速自别雌雄的雏鸡进行性别鉴定,将鉴定结果填入表 3-4-3 中。

表 3-4-3　雏鸡雌雄鉴别结论

雏鸡编号	羽色(或羽速、生殖突起)特征	鉴别结论
1		
2		
3		
4		
5		

【任务评价】

工作任务评价表

班级		学号		姓名	
企业(基地)名称		养殖场性质		岗位任务	初生雏的处理

一、评分标准

说明:考核共5项,总分100分;分值越高表明该项能力或表现越佳,综合评分为各项评分的综合。90分以上优秀,75≤分数<90良好,60≤分数<75合格,60分以下不合格。

考核项目	考核标准	得分	考核项目	考核标准	得分
综合素质(55分)			专业技能(45分)		
专业知识(15分)	初生雏鸡的选择与分级方法;雏鸡的雌雄鉴别方法;雏鸡的剪冠与断趾技术;雏鸡的运输方法。		初生雏鸡的选择与分级(15分)	通过看、听、摸的方法对初生雏鸡进行正确选择和分级,淘汰残次雏鸡。	
工作表现(15分)	态度端正;团队协作精神强;质量安全意识强;记录填写规范正确;按时按质完成任务。		雏鸡的雌雄鉴别(10分)	采用翻肛法:抓雏,握雏方法正确,排粪、翻肛操作符合要求,鉴别准确;采用羽色,羽速快速、准确鉴别雌雄。	
学生互评(10分)	根据小组代表发言、小组学生讨论发言、小组学生答辩及小组间互评打分情况而定。		剪冠、断趾(10分)	剪冠时间选择适宜,操作方法正确,并能进行较好的消毒;断趾时间选择适宜,操作方法正确,断趾部位正确。	
实施成果(15分)	初生雏鸡选择与分级方法正确;初生雏鸡雌雄鉴别效果好;运输的准备工作充分。		雏鸡的运输(10分)	运输前的准备工作充分,运输方法正确。	

综合分数:______分　　优秀(　)　　良好(　)　　合格(　)　　不合格(　)

二、综合考核评语

(该学生是否掌握了该岗位的专业知识、专业技能及掌握程度,能否通过该岗位技能考核)

老师签字:

日　　期:

说明:此表由校内教师或者企业指导教师填写。

项目四

家禽饲料的选择与调配岗位技术

岗位能力

使学生具备熟悉家禽的饲养标准、识别和选择饲料原料、制订饲料供给计划、设计饲料配方、科学配制饲料和进行家禽的调整饲养等岗位能力。

实训目标

根据家禽种类的不同生理阶段确定设计饲料配方所依据的饲养标准;会识别和选择家禽各生产阶段使用的饲料原料来编制饲料配方;知道如何开发利用饲料资源,制订饲料供给计划;能按照合理的饲料配方进行家禽饲料的配制,注意补充和调制各种饲料添加剂;在实际家禽生产中可以根据现场情况和家禽的性能状况来进行饲粮营养水平的调整。

工作任务一 家禽的饲养标准

【任务描述】

饲养标准是根据家禽的不同品种、性别、年龄、体重、生产目的与水平以及养禽实践中积累的经验，结合能量与物质代谢试验和饲养试验的结果，科学地规定一只家禽每天应该给予的能量和各种营养物质数量。饲养标准一类是国家规定和颁布的饲养标准，如美国饲养标准、苏联的饲养标准、法国的饲养标准、我国家禽的饲养标准等。另一类是大型育种公司或某高等农业院校或研究所，根据各自培育的优良品种或配套系的特点，制定符合该品种或配套系营养需要的饲养标准，或作为推荐营养需要量（参考），则称为专用标准。

【任务情境】

了解不同生长与生理时期家禽的营养需要特点，选择某一生理时期的家禽，为其制定合理的饲养标准，熟悉家禽的饲养标准。

【任务实施】

学会使用国家标准网进行文献检索，查阅《中国家禽饲养标准》，熟悉不同家禽的饲养标准，如蛋鸡饲养标准、肉鸡饲养标准、肉鸭饲养标准、蛋鸭饲养标准、瘤头鸭饲养标准和鹅的饲养标准。

【提交作业】

参观校内生产实训基地或者校外养禽场，根据禽场饲养的家禽品种及其生长阶段，调查养殖场技术人员，了解编制饲料配方所依据的饲养标准；并查阅相关资料，找出该养禽场饲养品种在不同生理阶段的饲养标准；制成表格提交实训报告，同时分析确定家禽饲料营养水平时要考虑哪些因素？

【任务评价】

工作任务评价表

班级		学号		姓名	
企业(基地)名称		养殖场性质		岗位任务	家禽的饲养标准

一、评分标准

说明:考核共5项,总分100分;分值越高表明该项能力或表现越佳,综合评分为各项评分的综合。90分以上优秀,75≤分数<90良好,60≤分数<75合格,60分以下不合格。

考核项目	考核标准	得分	考核项目	考核标准	得分
综合素质(55分)			专业技能(45分)		
专业知识(15分)	不同禽种的生产性能标准;家禽生产对饲料的需求;家禽饲养标准及饲料营养成分;饲料营养与科学利用知识。		家禽的营养需要(15分)	理解家禽的营养需要;说出不同营养素的名称和功能;说出家禽发生营养素缺乏的典型症状,知道如何补充。	
工作表现(15分)	态度端正;团队协作精神强;质量安全意识强;记录填写规范正确;按时按质完成任务。		不同禽种的饲养标准(20分)	知道禽场饲养的家禽品种;熟悉不同禽种的生产性能标准及品质标准;懂得家禽生产对饲料的需求;会查阅文献资料找到饲养标准;能准确理解各种营养素及营养水平。	
学生互评(10分)	根据小组代表发言、小组学生讨论发言、小组学生答辩及小组间互评打分情况而定。				
实施成果(15分)	家禽品种及性能标准正确;家禽的生理阶段划分正确;提交的饲养标准准确。		因素分析(10分)	知道确定营养水平需要考虑的因素;分析过程合理,分析结果论据充分,结果正确。	

综合分数:______分　　优秀( )　　良好( )　　合格( )　　不合格( )

二、综合考核评语

(该学生是否掌握了该岗位的专业知识、专业技能及掌握程度,能否通过该岗位技能考核)

老师签字:

日　　期:

说明:此表由校内教师或者企业指导教师填写。

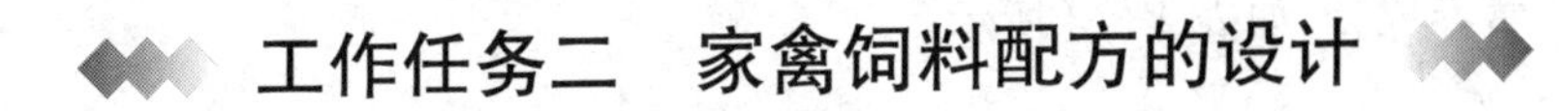

工作任务二　家禽饲料配方的设计

【任务描述】

能开发利用饲料资源，选定合适的饲料原料进行饲料配方的设计，并会根据生产实际调整饲粮的营养水平。

【任务情境】

熟悉家禽各种常用饲料原料的种类及营养特点，把好饲料的原料关，合理使用饲料添加剂；遵循符合家禽营养需要原则的基础上要考虑到饲料的经济成本；熟悉不同家禽的典型饲料配方示例，了解各种饲料原料在家禽饲料配方中的大致用量；按照步骤手工计算或者运用配方软件设计出营养成分合理、价格低廉的饲料配方，科学地生产出优质的配合饲料，以便进行养禽生产，获取最大的经济效益。

【任务实施】

蛋鸡饲料配方的设计

某饲料企业可提供玉米、大麦、高粱、麸皮、豆饼、秘鲁鱼粉、骨肉粉、苜蓿草粉、骨粉、贝壳粉、食盐、微量元素添加剂等饲料原料，设计能满足平均产蛋率小于85%的鸡群营养需要的饲料配方。

(1)查《鸡的饲养标准》，得出产蛋率小于85%蛋鸡每千克饲粮的养分含量，如表4-2-1所示。

表4-2-1　产蛋率小于85%蛋鸡每千克饲粮的养分含量

代谢能/(MJ/kg)	粗蛋白/g	蛋白能量/(g/MJ)	钙/%	磷/%	有效磷/%	食盐/%
11.5	150	13	3.4	0.6	0.32	0.37

(2)查《中国饲料成分及营养价值表》,得出题中所给原料的营养成分,如表4-2-2所示。

表4-2-2 每千克饲料中所含营养成分

饲料名称	代谢能/(MJ/kg)	粗蛋白/%	钙/%	磷/%	粗纤维/%
玉米	13.56	8.7	0.02	0.27	1.6
大麦	11.3	11.0	0.09	0.33	4.8
高粱	12.3	9.0	0.13	0.36	1.4
小麦麸	6.82	15.7	0.11	0.92	8.9
豆饼	10.54	40.9	0.3	0.49	4.7
鱼粉	12.18	62.5	3.96	3.05	0.5
肉骨粉	9.96	45	11.0	5.9	2.5
苜蓿草粉	3.64	17.2	1.52	0.22	25.6
骨粉			36.4	16.4	
贝壳粉			33.4	0.14	

(3)根据经验或参考常用饲料原料在配方中大致用量,确定饲料原料在配方中的百分比,并进行代谢能和蛋白质两项营养指标的试算(本例预留8.5%的比例),如表4-2-3所示。

表4-2-3 初配和试算

饲料名称	初配比例/%	代谢能/(MJ/kg)	粗蛋白/g
玉米	57.5	13.56×57.5%=7.79	87×57.5%=50.03
大麦	10	11.3×10%=1.13	110×10%=11
高粱	4	12.3×4%=0.492	90×4%=38.7
小麦麸	3	6.82×3%=0.205	157×3%=4.71
豆饼	8	10.54×8%=0.843	409×8%=32.72
鱼粉	6	12.18×6%=0.731	625×6%=37.5
肉骨粉	2	9.96×2%=0.199	450×2%=9.00
苜蓿草粉	1	3.64×1%=0.036	172×1%=1.72
合计	91.5	11.43	150.275
标准	100	11.5	150
差数	8.5	−0.07	+0.275

(4)调整饲料原料比例。比较表 4-2-1 和表 4-2-3 可以看出,配方中能量指标与蛋白质含量基本符合饲养标准,可不作调整。

(5)计算钙、磷和粗纤维含量,并与饲养标准(表 4-2-1)进行比较,见表 4-2-4。

表 4-2-4　钙、磷和粗纤维含量计算表　　%

饲料名称	比例	钙	磷	粗纤维
玉米	57.5	0.02×57.5%=0.011 5	0.27×57.5%=0.155	1.6×57.5%=0.92
大麦	10	0.09×10%=0.009	0.33×10%=0.033	4.8×10%=0.48
高粱	4	0.13×4%=0.005 2	0.36×4%=0.014 4	1.4×4%=0.056
小麦麸	3	10.11×3%=0.303 3	0.92×3%=0.027 6	8.9×3%=0.267
豆饼	8	0.3×8%=0.024	0.49×8%=0.039 2	4.7×8%=0.376
鱼粉	6	3.96×6%=0.237 6	3.05×6%=0.183	0.5×6%=0.04
肉骨粉	2	11×2%=0.22	5.9×2%=0.118	2.5×2%=0.05
苜蓿草粉	1	1.52×1%=0.015 2	0.22×1%=0.002 2	25.6×1%=0.256
合计	91.5	0.825 8	0.572 4	2.445
标准	100	3.4	0.6	—
差数	8.5	−2.58	−0.027 6	—

(6)补充钙磷。先用骨粉,设需用 $X\%$ 的骨粉来补足磷,骨粉的含磷量为 16.4%,求 X 的过程如下:

$$16.4\% \times X = 0.027\ 6\%$$

$$X = 0.027\ 6/16.4 \approx 0.2\%$$

即用 0.2%的骨粉可补足磷供应。

0.2%的骨粉同时补足的钙量为:36.4%×0.2%=0.072 8%

配方中缺少的钙用贝壳粉来供应。设需贝壳粉的比例为 Y,贝壳粉的含钙量为 33.4%,则:

$$33.4\% \times Y = 2.6751\% - 0.0728\%$$

$$Y = (2.6751 - 0.0728)/33.4 \approx 7.8\%$$

即需要贝壳粉的比例为7.8%。

配方预留下8.5%用作添加矿物质及其他添加剂，现加入0.2%的骨粉和7.8%的贝壳粉之后，还需添加0.37%的食盐，再加0.13%的饲料添加剂即可。

(7)列出最终的饲料配方及养分含量表，如表4-2-5所示。

表4-2-5 产蛋率<85%蛋鸡饲料配方表

饲料	比例/%	饲料	比例/%	营养指标	提供量
玉米	58.5	肉骨粉	2	代谢能/(MJ/kg)	11.43
大麦	10	苜蓿草粉	1	粗蛋白/(g/kg)	150.28
高粱	4	骨粉	0.2	钙/(g/kg)	34
麸皮	2	贝壳粉	7.8	总磷/(g/kg)	6
豆饼	8	食盐	0.37		
鱼粉	6	添加剂	0.13		

【知识链接】

家禽饲料配合的注意事项

1.把好饲料的原料关

严格按规定挑选原料产地、稳定原料购买地。饲料企业原料采购人员，除要了解国内外饲料原料的价格外，还应了解企业所用各种原料的产地环境质量情况，一旦将原料产地确定后，除非遇到价格的过大波动，否则应长期稳定原料购买地，以充分保证原料的清洁卫生。原料水分含量一般不应超过13.5%。

2.合理使用饲料添加剂

所选饲料添加剂必须是《允许使用的饲料添加剂品种目录》中所列的饲料添加剂和允许进口的饲料添加剂品种，严禁使用国家已明令禁止的添加剂品种(如激素、镇静剂等),所用药物添加剂除了应符合《饲料药物添加剂使用规范》(2001 年农业部 168 号公告)和农业部 2002 年 220 号部长令的有关规定外,还应符合《无公害食品——畜禽饲料和饲料添加剂使用准则》(NY 5032—2006)的规定。

3. 符合家禽的营养需要

设计饲料配方时,必须根据家禽的经济用途和生理阶段选用适当的饲养标准,在此基础上,可根据饲养实践中家禽的生长或生产性能等情况作适当的调整。所用原料中养分含量的确定,应遵循以下原则:①对一些易于测定的指标,如粗蛋白质、水分、钙、磷、盐、粗纤维等最好进行实测。②对一些难于测定的指标,如能量、氨基酸、有效氨基酸等,可参照国内的最新数据库。但必须注意样品的描述,只有样本描述相同或相近,且易于测定的指标与实测值相近时才能加以引用。③维生素和微量元素等指标,由于饲料种类、生长阶段、利用部位、土壤及气候等因素影响较大,主原料中的含量可不予考虑,而作为安全阈量。

4. 符合经济原则

家禽生产中饲料成本通常占生产总成本的 60%～70%,因此在设计饲料配方时,必须注意经济原则,使配方既能满足家禽的营养需要,又尽可能地降低成本,防止片面追求高质量。这就要求在设计饲料配方时,所用原料要尽量选择当地产量较大、价格又较低廉的饲料,而少用或不同价格昂贵的饲料。

5. 符合家禽的消化生理特点

设计饲料配方时,必须根据饲料的营养价值、家禽的经济类型、消化生理特点、饲料原料的适口性及体积等因素合理确定各种饲料的用量和配合比例。如鹅是草食家禽,喜欢采食青绿饲料,所以最好以青饲料与混合精料搭配饲喂;但对于干草和秸秆类饲料，质地粗硬、适口性差、消化率低，必须限制饲喂。

6. 各种饲料原料在禽饲料配方中的大致用量

各种饲料原料在禽饲料配方中的大致用量见表 4-2-6。

表 4-2-6　各种饲料原料在禽饲料配方中的大致用量　%

饲料	育雏期	育成期	产蛋期	肉仔禽
谷实类	55～65	50～60	55～65	55～70
植物蛋白质类	20～25	12～18	18～26	20～35
动物蛋白质类	0～5	0～5	0～5	0～5
糠麸类	≤5	10～20	≤5	0～5
粗饲料类	优质苜蓿粉 0～5			
青绿、青贮类	青绿饲料按日采食量的 0～30			

【提交作业】

请参照上述步骤设计一个肉用仔鸭育肥期的饲料配方，充分利用当地的饲料资源选择饲料原料，微量元素和维生素可选用饲料添加剂厂直接生产的预混料进行按比例添加，设计时列出详细的计算步骤，最终得出科学合理的饲料配方。

【任务评价】

工作任务评价表

班级		学号		姓名	
企业（基地）名称		养殖场性质		岗位任务	家禽饲料配方的设计

一、评分标准

说明：考核共 5 项，总分 100 分；分值越高表明该项能力或表现越佳，综合评分为各项评分的综合。90 分以上优秀，75≤分数<90 良好，60≤分数<75 合格，60 分以下不合格。

续表

考核项目	考核标准	得分	考核项目	考核标准	得分
综合素质(55分)			专业技能(45分)		
专业知识(15分)	懂饲料标签,能识别饲料原料、配合饲料、浓缩饲料和预混合饲料种类;熟悉家禽各种常用饲料原料的种类及营养特点;掌握饲料配方的设计方法。		选择饲料原料(15分)	能识别饲料的种类及营养特点;会充分利用当地的饲料资源;能正确选用合适的饲料原料及大概配比。	
工作表现(15分)	态度端正;团队协作精神强;质量安全意识强;记录填写规范正确;按时按质完成任务。		设计饲料配方(20分)	会查家禽的饲养标准;会查饲料成分及营养价值表;熟悉饲料原料在禽饲料配方中的大致用量;设计步骤正确,计算准确。	
学生互评(10分)	根据小组代表发言、小组学生讨论发言、小组学生答辩及小组间互评打分情况而定。		营养水平合理(5分)	设计出的饲料配方营养水平与饲养标准基本一致。	
实施成果(15分)	饲养标准选用正确;饲料原料选购合理;设计过程严谨、认真;计算结果准确;配方营养水平科学、质量优、价格低。		考虑经济成本(5分)	选购成本较低、质量较优的饲料原料和饲料添加剂。	
综合分数:______分　优秀(　)　良好(　)　合格(　)　不合格(　)					

二、综合考核评语

(该学生是否掌握了该岗位的专业知识、专业技能及掌握程度,能否通过该岗位技能考核)

老师签字:

日　　期:

说明:此表由校内教师或者企业指导教师填写。

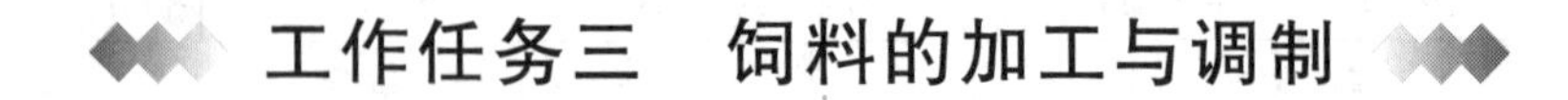

工作任务三　饲料的加工与调制

【任务描述】

严格按照饲料配方，准确换算与称量后，进行饲料的粉碎、混合、包装和运输等工作，确保配制出的饲料全价、均衡，符合不同阶段家禽的营养需要。

【任务情境】

由于饲料原料的不同，其营养成分的差异较大，加工与调制的方法也会影响到饲料的营养成分。因此，要了解饲料加工的原理，熟悉饲料加工程序。根据所给出的家禽营养需要与饲料配方，针对不同饲料原料，选择适当的加工方法，尽可能少的损耗营养成分。

【任务实施】

一、配合饲料的生产工序

1. 家禽配合饲料加工的主要工序

家禽配合饲料的加工一般分为原料的接收和清理、原料的粉碎、配料、混合、压制颗粒、成品包装（或散装）等工序。

（1）原料清理　主要是清除原料中的杂质，如铁屑和石块等杂物。

（2）粉碎　饲料原料的粉碎是家禽饲料加工中最重要的工序之一，这道工序是使团块或粒状的饲料原料体积变小，粉碎成家禽饲养标准所要求的粒度，它关系到配合饲料的质量、产量、电耗和成本。原料经粉碎后，其表面积增大，便于家禽消化吸收。肉仔鸡日粮中谷物粉碎粒度以中等颗粒为宜，即几何平均直径为0.7～0.9 mm 为宜。随年龄增加，粉碎粒度大小也相应增加，蛋鸡粒度应在 0.8 mm 以上。

(3)配料　即按给定配方采用特定配料装置，对多种原料进行给料和称量的过程，是保证配合饲料产品质量的重要环节。考虑到称量精度及部分成分可能具有腐蚀性，预混料添加剂通常是人工称量后直接投入混合设备中。

(4)混合　饲料混合是指将饲料配方中的各种成分，按规定的重量比例混合均匀，使得整体中的每一小部分，甚至是一粒饲料，其成分比例都和配方所要求的一样。饲料混合的好坏，对保证配合饲料的质量起重要作用。要做到均匀混合，微量养分如氨基酸、维生素、矿物质等应经过预混合，制成预混料。在预混合时应先添加量大的成分，然后再添加量少的成分，混合时间长短应通过检验饲料混合均匀度的试验来确定。预混料的变异系数(CV)要求不大于 5%，而配合饲料的变异系数(CV)要求不大于 10%。

(5)制粒　把粉状的饲料制成颗粒状的饲料要通过挤压才能完成。一般将饲料混合物添加 4%～6%的水(通常用蒸汽调制，适宜温度在 98℃左右)，进入制粒机后，饲料含水量由环境温度下的风干状态(含水量为 10%～12%)增至 80～90℃的 15%～16%。水分在挤压时起到润滑作用，热量使植物性饲料成分表面的生淀粉产生糊化作用。饲料随后从环模出料口挤出时，进一步摩擦使饲料的温度提高到将近 90℃，必须冷却至温度略高于环境温度，同时干燥至含水量 12%以下，才可进入下一工段。

(6)筛分和包装　制粒后配合饲料经筛分除去碎渣和粉末，包装后贮藏。碎渣和粉末再返回加工。

2. 家禽配合饲料的生产工艺

目前我国家禽配合饲料的生产一般均采用重量式配料、间歇混合、分批次生产的工艺。这种生产工艺在实践中可分为两类：一类是先粉碎后配料、混合的生产工艺，另一类是先配料后粉碎、再混合的生产工艺。

(1)先粉碎后配料的生产工艺　这是我国目前较多采用的生产工艺。工艺流程如下:原料接收—清理除杂(筛理、磁选)—粉碎—配料—混合—压制颗粒—筛分—粒料成品包装(散装)—粉料成品包装(或散装)。

这种工艺的特点是原料可分品种进行粉碎,有利于充分发挥粉碎机的效能,可按物料特性、家禽品种(生长阶段)、对象生理要求选择粉碎粒度。由于原料按品种分别粉碎,因而需要较多的配料仓。同时,由于频繁更换粉碎原料,使操作麻烦。但这种工艺对原料品种较多、配方多变、配比要求高的家禽饲料生产是适用的。

(2)先配料后粉碎的生产工艺　目前我国只有少数家禽饲料生产采用这种生产工艺。工艺流程如下:原料接收(清杂)—配料—筛理—粉碎—混合—压制颗粒—筛分—粒料成品包装(或散装)—粉料成品包装(或散装)。

这种工艺的特点是:①先行配料统一粉碎,故混合前饲用原料粉碎粒度均匀一致,便于生产颗粒饲料;②可以节省料仓,因为此种工艺的配料仓就是原料和辅料的贮存仓,粉碎仓只起缓冲作用;③工艺的连续性要求设备配套性能好,技术水平高,在配料后设筛理工序可以将不需粉碎粉状原料与辅料筛出直接送至搅拌机混合。

3.影响家禽配合饲料质量的因素

影响家禽配合饲料质量的因素有很多,除所用饲料配方是否科学合理之外,所用原料的质量以及加工质量都会直接影响配合饲料的产品质量。饲料配方决定了配合饲料成品的营养价值。营养水平低或营养物质配比不合理,都会严重影响养殖对象的饲养效果,同时也会造成饲用原料的浪费。加工质量,如混合均匀度、粉碎粒度、糊化度达不到指标要求,也不能保证原配方的优点，影响饲养效果。

二、配合饲料的质量控制

质量控制又叫质量管理，是指运用各种科学方法，为保证和提高产品质量而进行的一系列组织、管理和技术工作。饲料质量控制就是通过科学先进的饲料配方，严格控制参配原料的质量标准和生产过程，生产出符合企业标准、用户在正确使用后家禽能达到预期生产效果的产品。

配合饲料质量控制的内容比较广泛，具体有以下几个方面。

(1)合理配方　饲料产品质量取决于配方是否科学、先进，它要求企业技术核心部门，特别是研究配方开发的专业人员要紧跟世界动物营养科学领域的发展，所设计的配方要适合当前家禽新品种的营养需要及饲养管理水平的要求，设计出针对性强、适合市场的合理配方。

(2)原料质量管理　原料质量控制是饲料配方付诸生产实施的关键，因为没有好的原料，配方再合理也生产不出好的饲料，所以原料各项营养指标一定要符合企业内部标准要求。此外，原料的产地、货源是否充足、原料加工方式等因素都可能影响产品的质量，因而必须把这些因素列入原料质量控制的内容。

(3)生产过程的管理　包括生产的各个工序的管理，从投料、输送、粉碎、配料、混合、调质、制粒、冷却干燥、打包等，每个环节都要实行标准化管理，以达到控制整个生产过程的目的。具体每个环节怎样操作控制，每个企业可根据自身的生产工艺、设备、自动化程度、人员的素质等制订不同的管理办法。

(4)饲料本身质量管理的延伸　是指指导用户正确使用产品的过程，甚至要帮助用户做一些家禽饲养管理及疫病控制方面的工作，这是实现自己产品质量和体现效果很重要的一步，必须纳入饲料产品质量管理内容。这一点儿往往被一些饲料企业所忽视，认为饲料卖出去就与自己无关了，用户出现问题时企业往往不敢面对或推卸责任。这部分内容包括指导用户正确使用产品、培训人员、指导实行正确的家禽饲养管理模式等。

三、饲料添加剂的合理使用

1. 维生素添加剂的加工

维生素预混料生产过程中质量控制有较大的难度，必须在下述几个关键环节中严格把关，方能取得理想的效果。

(1)配方设计　设计维生素预混料配方时，首先，必须确定其适宜的添加水平。其次，要注意维生素的理化特性，防止配伍禁忌。

(2)原料选择　维生素制剂产品很多，不同产品在质量、效价、剂型、价格等方面存在很大差异，应用必须根据使用目的、生产工艺等条件进行综合考虑，选用效价高、稳定性好、剂型符合配合饲料生产要求，且价格低廉的产品。为使维生素的损失减少到最低限度，应选用粒度合适、水分含量低且不易参与化学反应的物质作为载体或稀释剂。

(3)加工工艺　在维生素预混料加工过程中，首先，应保证严格按配方要求正确投料，对称重设备应定期校准，严格操作程序，确保投料的准确性和稳定性；其次，要根据不同维生素添加剂产品的特性，采取不同的添加方法；再次，要保证预混料混合均匀，减少分级。

(4)包装及贮存　维生素预混料产品包装要求密封、隔水，真空包装更佳。最好采用铝箔袋真空包装，也可采用三合一纸袋(或纸箱)加塑料袋内衬包装。维生素预混产品的贮藏时间，一般要求在1～2个月内，最长不得超过6个月，产品一经开封后，需尽快用完。维生素预混料产品的贮藏条件要求环境干燥、避光、低温、通风。

2. 微量元素添加剂的加工

家禽饲料中需要另外添加的微量元素主要有铜、铁、锰、锌、钼、钴、硒等。生产微量元素预混料时，必须从以下几个方面对其质量进行调控。

(1)原料选择　原料选择既要考虑它们的生物学效价和稳定性，又要考虑经济效益。选择时应根据不同的情况进行综合考虑，选择最适宜的微量元素原料，必须符合饲料级矿物微量元素原料的国家标准。

(2)稀释剂和载体的选择　常做微量元素预混料的稀释剂和载体有：石粉、碳酸钙、贝壳粉等，这些稀释剂和载体要求在无水状态下使用。载体的粒度一般要求在 0.18～0.59 mm。稀释剂的粒度比载体小，一般为 0.05～0.6 mm。

(3)干燥处理　对于含水分高的微量元素原料(如各种微量元素的硫酸盐)，易吸湿返潮和结块，粉碎性能及流动性较差，如果直接使用，不仅对本身离子易氧化变质、降低生物学效价，而且对饲料中的维生素有破坏作用，并影响饲料贮存期。因此，必须进行干燥处理以降低含水量，烘干温度应达 130℃以上。

(4)预粉碎　预粉碎的目的在于提高混合均匀度，有利于均匀混合，保证动物采食的概率相等，同时也有利于微量元素在肠胃中的溶解和吸收。添加量越少的组分，要求粉碎粒度也越小，但粉碎过细也将带来许多不利的影响，如粉尘增加，流动性降低，制成的预混料质量差，一般要求粒径在 0.05～0.177 mm。

(5)配料　饲料企业生产的产品，其成分与预先配方设计中的成分出现较大偏差的原因，除 30％归咎于所使用的原料，其余 70％应归咎于加工工艺的缺陷所致，特别是计量误差的倍增效应更不可忽视。

(6)质量检测　质量检测是微量元素预混料生产过程中保证产品质量的一个重要环节，必须做好如下工作：①把好原料的进货质量关，根据配方所用的原料标准进行进货，严禁进入伪劣品；②在生产过程中技术人员一定要监测，如发现原料达不到质量标准，不准投入到生产中，应停止生产；③对成品要经常检测，对达标的就入库、出售，不达标的，不准入库、销售。

(7)包装与贮存　包装材料选择无毒、无害、结实、防湿、避光的材料，要求包装严密美观。贮存在阴凉、干燥、通风的地方，一般湿度不宜超过50%，温度不得超过31℃。

【知识链接】

牧草加工调制技术

饲料加工调制的目的，是改善其可食性、适口性，提高消化率、吸收率，减少饲料的损耗，便于贮藏与运输。

1.牧草的切碎与粉碎

(1)切碎　将鲜草、块根、块茎、瓜菜等青绿多汁饲料中洗净切碎后直接喂鹅。切碎的要求是青料应切成丝条状，多汁饲料可切成块状或丝条。一般应随切随喂，否则很容易变质腐烂。

(2)粉碎　粗饲料如干草等，鹅难于取食，必须粉碎。谷实类饲料如稻谷、大麦等，有坚硬的皮壳和表皮，整粒喂雏鹅不易消化，也应粉碎。饲料粉碎后表面积增大，与鹅消化液能充分接触，便于消化吸收。雏鹅料粉碎细些，中鹅、大鹅料可粉碎粗些。但是，用于生产鹅肥肝的玉米则不可粉碎；饲喂中鹅、大鹅的谷实类饲料也不可粉碎。

2.青干草的加工调制

青干草调制时应根据饲草种类，草场环境和生产规模采取不同方法，大体上分自然干燥法和人工干燥法。自然晒制的青干草，营养物质损失较多，而人工干燥法调制的青干草品质好，但加工成本较高。

(1)适时收割　调制优质干草的前提是要保证有优质的原

料，因此干草调制的首要问题是要确定适宜的收割期。因为同一种牧草，在不同的时间收割，其品质具有很大差异。对于豆科牧草而言，从其产量、营养价值和有利于再生等情况综合考虑，最适收割期应为现蕾盛期至始花期。而禾本科在抽穗—开花期刈割较为适宜。对于多年生牧草秋季最后一次刈割应在停止生产前30 d为宜。

(2)调制方法

①自然干燥法　自然干燥法即完全依靠日光和风力的作用使牧草水分迅速降到17%左右的调制方法。这种方法简便、经济，但受天气的影响较大，营养物质损失相对于人工干燥来说也比较多。自然干燥分地面干燥法和草架干燥法。

②人工干燥法　人工干燥法兴起于20世纪50年代，方法有常温鼓风干燥法和高温快速干燥法两种。常温鼓风干燥是把刈割后的牧草压扁并在田间预干到含水50%，然后移到设有通风道的干草棚内，用鼓风机或电风扇等吹风装置进行常温鼓风干燥。高温快速干燥则是将鲜草切短，通过高温气流，使牧草迅速干燥。干燥时间的长短，决定于烘干机的种类和型号，从几小时到几分钟，甚至数秒钟，牧草的含水量在短时间内下降到15%以下。和自然干燥法相比，人工干燥法营养物质损失少，色泽青绿，干草品质好，但设备投资较高。

【提交作业】

参与校内生产实训基地或者校外养禽场饲料生产车间的工作，认识各种饲料原料，查阅该禽场饲养家禽所用的饲料配方，完成原料识别—清理除杂—按比称量—粉碎原料—饲料混合—包装运输等系列任务，有条件的可以继续完成压制颗粒—筛分—粒料成品包装等，学会运用所学知识进行家禽饲料的加工和调制。

【任务评价】

工作任务评价表

班级		学号		姓名	
企业(基地)名称		养殖场性质		岗位任务	饲料的加工与调制

一、评分标准

说明:考核共5项,总分100分;分值越高表明该项能力或表现越佳,综合评分为各项评分的综合。90分以上优秀,75≤分数<90良好,60≤分数<75合格,60分以下不合格。

考核项目	考核标准	得分	考核项目	考核标准	得分
综合素质(55分)			专业技能(45分)		
专业知识(15分)	家禽常用的饲料原料的识别;家禽的营养需要;各种禽类的饲料配方;饲料加工机械的认识。		原料的选用与称量(15分)	能识别家禽常用的饲料原料;熟悉原料的产地和营养价值;能辨别原料的质量;按饲料配方准确称量原料。	
工作表现(15分)	态度端正;团队协作精神强;质量安全意识强;记录填写规范正确;按时按质完成任务。		饲料的粉碎与混合(20分)	饲料的加工配合过程正确;饲料粉碎粒度合适;饲料混合充分、完全、均匀;没有饲料分层现象。	
学生互评(10分)	根据小组代表发言、小组学生讨论发言、小组学生答辩及小组间互评打分情况而定。		饲料的质量控制(5分)	会识别饲料原料的质量;能理解粉碎粒度的要求;预混料等添加剂的混合顺序正确;会检测饲料成品的质量。	
实施成果(15分)	饲料粉碎粒度合适;饲料混合均匀无分层现象;成品包装到位。		配合饲料的包装(5分)	知道如何包装散装饲料或者颗粒饲料;会按照贮存条件合理存放饲料成品。	
综合分数:______分 优秀( ) 良好( ) 合格( ) 不合格( )					

二、综合考核评语

(该学生是否掌握了该岗位的专业知识、专业技能及掌握程度,能否通过该岗位技能考核)

老师签字:

日　　期:

说明:此表由校内教师或者企业指导教师填写。

项目五

种禽饲养管理岗位技术

岗位能力

使学生具备种禽场的饲养管理技术，包括育雏期环境的控制、育雏、育成期饲料的添加原则以及严格控制禽群的整齐度、产蛋期种蛋的管理等岗位能力。

实训目标

根据禽群的状况，能发现禽群中存在的问题，进行妥善处理；结合现场实际情况，根据种禽场饲养管理手册中不同周龄的体重标准，科学合理地进行添加饲料，控制禽群的体重在一定范围内；能对种禽场各种生产设备维护，改进禽舍及其自动化设施；能对种禽禽舍温度和湿度、通风设施、光照控制进行调控，使之发挥最大的生产潜力。

工作任务一　种公禽的饲养管理

【任务描述】

种公鸡的饲养管理：通过调节饲料数量及质量，严格控制不同发育阶段种公鸡的体重，保证种公鸡的整齐度在合理范围内，确保种鸡产蛋期种蛋的受精率；家禽的人工授精技术。

【任务情境】

根据肉种鸡饲养管理手册要求，根据不同生产日龄的体重要求，制订不同生长阶段的加料计划并能根据种公鸡群的生长情况进行料量调节；实施良好禽舍环境管理，减少应激，降低家禽疫病的发病率和死亡率，提高标准化养殖效率，降低养殖风险，提高经济效益。

【任务实施】

一、种公鸡的饲养管理

1. 育雏期

从出壳到5周龄采用自由采食，目的是使公鸡充分发育。在实际操作中，如果种公鸡的体重没有达到标准体重，可根据实际情况适当延长育雏料的饲喂时间。

2. 育成期

公鸡骨骼生长发育在8周之前大约完成85%，在12周之前大约完成95%，此阶段要换成育成料，并改为隔日限饲，饲养密度3.6只/m^2，当体重均匀度太差时要按照大、中、小进行分栏饲养。错过这个骨骼快速发育的时期，以后再补救就来不及了。

(1)营养需要　种公鸡育雏育成期的营养水平与商品蛋鸡一致，后备公鸡的日粮营养为：代谢能11.30～12.13 MJ/kg；育雏期蛋白水平16%～18%，育成期12%～14%；钙1%～1.2%，可利用磷0.4%～0.6%；微量元素与维生素可与母鸡相同。公母混养时应设公鸡专用料槽，放在比公鸡背部略高的位置，公鸡可以伸颈吃食而母鸡够不着；母鸡的料槽上安装防护栅，使公鸡的头伸不进去而母鸡可以自由伸头进槽采食。

(2)控制性成熟　10～15周，睾丸和生殖系统开始快速发育，16～24周在生殖系统分泌的激素刺激下睾丸的质量迅速增加。这段时间的管理措施是首先要保证密度合适，并使雏鸡严格按照标准体重生长和发育。这段时间骨骼的大小与体重高低成正比，可以用每周称重的方式来简单了解鸡的生长趋势。此外，在日常管理中要注意多触摸鸡的胸肌，胸肌发育不好的要及时淘汰。

(3)体重与均匀度的控制　保证公鸡的均匀度最重要，在5周以后，如体重不达标，要及时淘汰。此段时间低于标准体重的公鸡有可能在未来几周内体重达标，这样的鸡在产蛋初期的受精率比较正常，但是到产蛋中后期的生产力会迅速下降。因此，在15～22周期间，通过每周的称重及时挑出体重不达标的公鸡并淘汰，使鸡群有一个良好的均匀度，是保证产蛋中后期受精率的最重要措施。一般22周龄公母混群，混群后要密切关注公鸡的采食与体重，并在产蛋前期及时挑出不适应母鸡舍环境的公鸡。

3.种公鸡配种前期

21周龄开始公母混养分饲，这一阶段管理要点是确保稳定增重、肥瘦适中、使性成熟与体成熟同步。鸡群全群称重，按体重的大、中、小分群，饲养时注意保持各鸡群的均匀度。混养后在自动喂料机食槽上加装鸡栅，供母鸡采食，使头部较大的公鸡不能采食母鸡料，公鸡的料桶高45～50 cm，使母鸡吃不到公鸡料。公鸡增重在23～25周龄时较快，以后逐渐减慢，睾丸和性器官在30周龄时发育成熟，因此各周龄体重应在饲养标准的范围内。

4.种公鸡配种后期

在28～30周时，种公鸡的睾丸充分发育，这时受精率达到一个高峰；45周左右，睾丸开始衰退变小，精子活力降低，精液品质下降，受精率下降。在这一阶段饲养管理的重点是，提高种公鸡饲养品质，以提高种蛋的受精率。在种公鸡料中每吨饲料添加蛋氨酸100 g、赖氨酸100 g、多种维生素150 g、氯化胆碱200 g。有条件的鸡场还可以添加胡萝卜，以提高种公鸡精液品质。及时淘汰体重过重、脚趾变形、趾瘤、跛行的公鸡。及时补充后备公鸡，补充的后备公鸡应占公鸡总数的1/3,后备公鸡与老龄公鸡相差20～25周龄为宜。补充后备公鸡工作一般晚上进行,补充后的公母比例保持在1∶100。

二、种公鸭的饲养管理

1.严格选择,养好公鸭

留种公鸭应按照公鸭的标准经过育雏期、育成期和性成熟初期三个阶段,以保证用于配种的公鸭生长发育良好,体格健壮,性器官发育健全,精液品质优良。在育成期公母鸭最好分群饲养,公鸭采用放牧为主的饲养方式,让其多活动,多锻炼。在配种前20 d放入母鸭群中。为了提高种蛋的受精率,种公鸭应早于母鸭1～2个月孵出。

2.适合的公母比例

我国麻鸭类型的蛋鸭品种,体型小而灵活,性欲旺盛,配种性能极佳。在早春和冬季,公母性别比可用1∶20,夏秋两季性别比可提高到1∶30,这样的性别比受精率可达90%以上。在配种季节,应随时观察公鸭配种表现,发现伤残的公鸭应及时调出另外补充。

3.日常管理

为了提高种蛋的受精率和孵化率,应当增加青绿饲料和维生素的喂量,特别是维生素E,在炎热的夏季还要适当增加维生素C。

三、种公鹅的饲养管理

1.种公鹅的营养与饲喂

在种鹅群的饲养过程中,始终应注意种公鹅的日粮营养水平和公鹅的体重与健康情况。在鹅群的繁殖期,公鹅由于多次与母鹅交配，排出大量精液，体力消耗很大，体重有时明显下降，从而影响种蛋的受精率和孵化率。为了保持种公鹅有良好的配种体况，种公鹅的饲养，除了和母鹅群一起采食外，从组群开始后，对种公鹅应进行补饲配合饲料。配合饲料中应含有动物性蛋白饲料，有利于提高公鹅的精液品质。补喂的方法，一般是在一个固定时间，将母鹅赶到运动场，把公鹅留在舍内，补喂饲料任其自由采食。这样，经过一定时间(1 d左右)，公鹅就习惯于自行留在舍内，等候补喂饲料。开始补喂饲料时，为便于分别公母鹅，对公鹅可作标记，以便管理和分群。公鹅的补饲可持续到母鹅配种结束。

为提高种蛋受精率，公、母鹅在产蛋周期内，每只每天可喂谷物发芽饲料 100 g，胡萝卜、甜菜 250～300 g，优质青干草粉 35～50 g。在春夏季节应供给足够的青绿饲料。

2. 定期检查种公鹅生殖器官和精液质量

在公鹅中存在一些有性机能缺陷的个体，在某些品种的公鹅较常见，主要表现为生殖器萎缩，阴茎短小，甚至出现阳痿，交配困难，精液品质差。这些有性机能缺陷的公鹅，有些在外观上并不能分辨，甚至还表现得很凶悍，解决的办法只能是在产蛋前，公母鹅组群时，对选留公鹅进行精液品质鉴定，并检查公鹅的阴茎，淘汰有缺陷的公鹅。在配种过程中部分个体也会出现生殖器官的伤残和感染；公鹅换羽时，也会出现阴茎缩小，配种困难的情形。

3. 克服种公鹅择偶性的措施

有些公鹅还保留有较强的择偶性，这样将减少与其他母鹅配种的机会，从而影响种蛋的受精率。在这种情况下的，公、母鹅要提早进行组群，如果发现某只公鹅与某只母鹅或是某几只母鹅固定配种时，应将这只公鹅隔离，经过 1 个月左右，才能使公鹅忘记与之配种的母鹅，而与其他母鹅交配，从而提高受精率。

4.优化鹅群结构

合理的鹅群结构不但是组织生产的需要，也是提高繁殖力的需要。在生产中要及时淘汰过老的公、母鹅，补充新的鹅群。母鹅前3年的产蛋量最高，以后开始下降，所以一般母鹅利用年限为3～4年。公鹅利用年限也不宜超过5年。适宜的鹅群结构应为1岁鹅占30%，2～3岁鹅占60%，4岁鹅占10%。

【提交作业】

某鸡场新进双A父母代肉种鸡1万只，请设计出种公鸡在不同发育时期（育雏期、育成期、产蛋期）的发育要求、饲料配比、环境要求，并根据爱拔益加饲养管理手册计算不同发育时期的整齐度；请根据产蛋母禽的数量计算最终预留种公鸡的数量；如果这批父母代肉种鸡选择笼养方式，请计算种公鸡的预留数量。

【任务评价】

工作任务评价表

班级		学号		姓名	
企业（基地）名称		养殖场性质		岗位任务	种公禽的饲养管理

一、评分标准

说明：考核共5项，总分100分；分值越高表明该项能力或表现越佳，综合评分为各项评分的综合。90分以上优秀，75≤分数＜90良好，60≤分数＜75合格，60分以下不合格。

考核项目	考核标准	得分	考核项目	考核标准	得分
综合素质（55分）			专业技能（45分）		
专业知识（15分）	种公鸡育雏期、育成期、产蛋期的饲养管理要点；公鸡的饲料营养及喂料量的原则；各阶段的公鸡体重的控制原则；家禽的人工授精技术；种公鸭的饲养管理要点。		种公鸡整齐度的控制（20分）	根据体重进行大、中、小分群，合理添加饲料量；注意公鸡的垫料厚度，是否影响骨骼发育；根据鸡群的状况制定种公鸡限饲的方式。	

续表

考核项目	考核标准	得分	考核项目	考核标准	得分
工作表现(15分)	态度端正;团队协作精神强;质量安全意识强;记录填写规范正确;按时按质完成任务。		家禽人工授精技术(15分)	输精前的准备工作;精液采集;精液品质检查;输精。	
学生互评(10分)	根据小组代表发言、小组学生讨论发言、小组学生答辩及小组间互评打分情况而定。		显微镜的使用(5分)	显微镜的一般构造和保养方法;显微镜的使用方法。	
实施成果(15分)	种公鸡的整齐度符合要求;留用种公鸡数量在适合范围内;家禽人工授精技术熟练,种蛋受精率能够达到要求。		消毒(5分)	采精及输精器械的消毒。	

综合分数:______分　优秀(　)　良好(　)　合格(　)　不合格(　)

二、综合考核评语

(该学生是否掌握了该岗位的专业知识、专业技能及掌握程度,能否通过该岗位技能考核)

老师签字:

日　　期:

说明:此表由校内教师或者企业指导教师填写。

工作任务二　种母禽的饲养管理

【任务描述】

能根据饲养行情制定养殖规划,确定一年中进雏的数量和时间,安排好适宜的产蛋时间;掌握种母禽的饲养管理要点。

【任务情境】

种母禽在不同发育阶段的营养要求、饲喂方式及特点;种母禽在不同生长发育阶段的环境要求;掌握种母禽在不同生长阶段的生产技术要点;种母禽在不同生长发育阶段的限饲方法;提高种蛋合格率和受精率的措施。

【任务实施】

一、后备种禽的饲养管理

(一)育雏期的饲养管理

1.育雏前准备工作

提前制订合理的育雏计划。进行鸡场空舍期的清理冲刷和消毒。

2.舍内温、湿度控制

(1)温度管理　种鸡舍接雏前要进行预热,预热工作对雏鸡至关重要,预热时间需要根据季节适当调整,冬季一般 3～4 d,其他季节 2～3 d ,最终使雏鸡到舍后 2 d 内保证伞下垫料温度高达 40℃,伞部边缘低温可达 30℃,舍内空气温度达 32℃。要做到看鸡施温,可把鸡爪放在脸上试温,来评估垫料温度是否合适。一般 3 周后才可逐渐撤出育雏伞。

(2)湿度管理　适宜的湿度应控制在 50%～70%。要求前 3 d 相对湿度保持在 70%左右,若此时育雏期相对湿度低于 50%会造成鸡只脱水和其他问题,高于 80%湿度偏高,不但会造成垫料潮湿和霉变,还会降低空气和垫料的温度,造成冷应激。生产中提高湿度的方法有:空气喷水、育雏伞上挂湿布。

3.饮水管理

第 1 天的饮水质量对雏鸡影响很大,一旦水的质量有问题,饮水后 5～6 h 就会出现症状,必须保证鸡群前期的饮水质量。在进鸡雏前几个小时,就要准备好温开水,放在育雏舍内,而且要尽可能地延长雏鸡饮用温开水的时间,水温应达到 26～28℃。

7～10 日龄时,要从温开水转换为自来水时,水中可适当添加抗生素，饮 3～4 d，降低肠道应激，同时有利于减少断喙造成的感染等。1 周后开始使用乳头饮水线，水中要加 2～3 mg/L 的氯，若是饮水或滴口免疫时要在免疫前后 3 d 停用，并对饮水系统进行冲洗，其他免疫不受影响。

4. 饲料管理

1 日龄的雏鸡采食评估标准为采食后 8～10 h 时有 80%的雏鸡嗉囊充盈，24 h 后 95%的鸡只嗉囊充盈。7 日龄体重一定要达到饲养手册上规定的体重标准，若体重较轻应及时检查饮水及饲料情况，尽快采取措施，否则将影响均匀度的管理和后续生产性能的发挥。

使用开食盘期间，一般 80～100 只/盘。如果所有料盘中始终占满了雏鸡，则说明料位不够。同时，要提供足够的饲料，开食盘内饲料要勤加，保证饲料的新鲜，不能出现开食盘漏底或半空盘现象，盘内至少有 1 cm 厚的饲料。

母鸡群到 4 周末若达到平均标准体重标准，则由育雏料过渡到育成料，若体重不足可适当延长育雏料的供给。

5. 垫料的要求

育雏期的垫料使用木花和稻壳的混合物效果最好。使用育雏围栏时，雏鸡生长发育快，如果扩栏不及时，密度大，会导致各种问题，所以特别强调根据鸡群分布、采食饮水、鸡舍温度等情况及时扩栏，接种球虫疫苗的鸡群建议扩栏时带一些旧垫料。

6. 光照管理

雏鸡到场时，光照强度应在 50 lx 以上且分布均匀，以便雏鸡开水，第 2 周后可根据需要降低到 5～10 lx；光照时间一般在 8 h 左右，光照时间长短应根据体重实现情况进行调整，有必要时应适当延长光照时间来增加采食，实现体重目标。

(二)育成期的饲养管理

1.体重与均匀度的控制

体重与均匀度的控制主要通过限制饲喂方式实现的,从育雏第4周开始贯穿到整个育成期,以期获得生长发育良好的种鸡。

(1)加强后备种鸡的饲喂管理　多数鸡场的饲喂设备速度慢且不够均匀,大大增加了饲喂管理难度,影响鸡群均匀度的控制,生产现场要尽可能的改善饲喂设备并定期做好设备的维修保养工作。

(2)有效进行全群称重　要求分群要早,一般情况下在第2周龄开始将鸡群分布到整个育雏栏内,为了使前期鸡群均匀度一致,可利用扩栏机会用电子秤全群称重分群。目的是保证4周龄末均匀度指标在80%以上。若体重达到标准要求,但4周龄末鸡群的均匀度不高,也会影响到育成期培育效果。同时,8周龄时应再进行全群称重并分群一次,12周龄前再进行一次全群称重,这样15周龄时的各栏鸡只体重基本一致,均匀度也会达到期望值标准。

(3)母鸡在分群后体重的管理　若4周龄末鸡群体重比标准高或低100 g以上时,应重新制定体重曲线标准,在12周龄时在回归到正常标准。若4周龄末鸡群体重比标准高或低50 g以内,应在8周龄时回归到正常标准。15周龄以后若鸡群体重超标,再重新制订体重曲线标准,要求新标准要平行于标准曲线,而不能往下压体重,若体重不够,可以在19周龄通过增料慢慢赶上标准,由于15周龄以后性成熟发育很快,一定要控制有效的周增重。15周龄以前主要抓群体均匀度及体重合格率,15周龄后主要通过控制周增重来达到标准体重和性成熟均匀度。

(4)通过日常挑鸡提高全群称重效果　在不同的育成栏内挑出体重过大或过小的鸡只进行对应互换来提高群体均匀度,但挑鸡只能作为一种弥补手段，在生产管理中不能过于依赖。若安排栏间挑鸡，建议在限饲日进行，挑鸡要按一定的顺序进行且保证调换数量一致，有利于鸡只料量和采食空间的控制，在一定程度上降低调群应激。

2. 了解饲料品质，掌握饲喂量与体重增加的相对平衡

根据不同的鸡群和饲料品质找出体重增加与饲喂量增加之间的相对比例关系，对于实现鸡群体重目标的控制有重要的意义。由于饲料品质的差别，种鸡饲养管理手册中提供的料量仅供参考，控制与调整料量要根据鸡的品种、体重目标及饲养环境条件参考进行。

3. 采取合理的饲喂方式

饲喂方式也是影响均匀度的一个重要因素，一般在3周龄时，采食时间在3 h左右，并由自由采食改为每日限饲，如能达到体重标准，尽快改为4/3，或直接改4/3。根据采食情况尽量早使用4/3饲喂方式，并尽可能延长4/3饲喂的时间，然后到22～23周时再改为每日限饲。

4. 落实兽医卫生防疫制度

用“防重于治”的理念管理鸡场，严格落实兽医卫生防疫制度，一旦鸡群暴发疾病，将严重影响均匀度，即使采取再好的措施也无济于事。

5. 监测种鸡丰满度

评估种鸡丰满度有4个主要部位需要监测：胸部、翅部、耻骨、腹部脂肪。评估丰满程度的最佳时机应在每周进行周末称重时对种鸡进行触摸，在抓鸡前要注意观察鸡的总体状态。

(1)胸部丰满度　在称重过程中，从鸡只的嗉囊至腿部用手触摸种鸡胸部。按照丰满度过分、理想、不足3三个评分标准，判断每一只种鸡的状况，然后计算出整个鸡群的平均分。

到15周龄时种鸡的胸部肌肉应该完全覆盖龙骨,胸部的横断面应呈现英文字母“V”的形态;丰满度不足的种鸡龙骨比较突出,其横断面呈现英文字母“Y”的形状,这种现象绝对不应该发生;丰满度过分的种鸡胸部两侧的肌肉较多,其横断面有点像较宽大的字母“Y”或较细窄的字母“U”的形状。20周龄时鸡的胸部应具有多余的肌肉,胸部的横断面应呈现较宽大的“V”形状;25周龄时鸡的胸部横断面应向细窄的字母“U”;30周龄时胸部的横断面应呈现较丰满的“U”形。

(2)翅部丰满度　第二个监测种鸡体况丰满度的部位是翅膀。挤压鸡只翅膀桡骨和尺骨之间的肌肉可监测翅膀的丰满度。监测翅膀丰满度可考虑下列几点:①20周龄时,翅膀应有很少的脂肪,很像人手掌小拇指尖上的程度;②25周龄时,翅膀丰满度应发育成类似人手掌中指尖上的程度;③30周龄时,翅膀丰满度应发育成类似人手掌大拇指尖上的程度。

(3)耻骨开扩程度　测量耻骨的开扩程度判断母鸡性成熟的状态,正常的情况下母鸡耻骨的开扩程度,见表5-2-1。适宜的耻骨间距取决于种鸡的体重、光照刺激的周龄以及性成熟的状态。在此阶段应定期监测耻骨间距,检查评估鸡群的发育状况。

表5-2-1　种母鸡不同周龄耻骨开扩程度

年龄	12周龄	见蛋前3周	见蛋前10 d	开产前
耻骨开扩程度	闭合	一指半	两指至两指半	三指

(4)腹部脂肪的积累　腹部脂肪能为种鸡最大限度地生产种蛋提供能量储备,腹部脂肪积累是一项重要监测指标。

常规系肉用种鸡在24~25周龄开始,腹部出现明显的脂肪累积;29~31周龄时,大约产蛋高峰前2周腹部脂肪达到最大尺寸,其最大的脂肪块足以充满一手。

丰满度适宜的宽胸型肉种母鸡在产蛋高峰期几乎没有任何脂肪累积。产蛋高峰后最重要的是避免腹部累积过多的脂肪。

二、产蛋种禽的饲养管理

(一)开产前的管理

产蛋前期即 18～24 周龄光照刺激期,这一阶段是生殖系统迅速发育并逐渐成熟时期,给予最大光照刺激,促进适合其发育与成熟。

1. 光照刺激

据光照计划在 20 周龄中增加光照强度和长度。在加强光照前应把母鸡体重不足 2.05 kg(公鸡体重 2.8 kg)以下的鸡挑出来,单独放在一个舍内,保持 10 lx 的光照。增加光照后要勤进鸡舍工作,检察水线、料箱、产蛋箱等。

2. 饲料的转换与饲喂

由于鸡体维持需要,活动量增加,生殖系统快速增长,体重快速增长,蛋白、钙需要沉积,饲料的营养必须与之相对应。要求做好下述饲料的转换与饲喂工作:

(1)21 周龄时改为每日限饲,减轻限料对机体的刺激,促进生殖系统的发育。

(2)22 周龄时改为产蛋前期料或产蛋料,换料用 3 d 换完(1/3、1/2、2/3)。

(3)23 周龄时增加多种维生素和微量元素给量,有利于以后产蛋。此期间因应激多,消化道适应换料可能要时间长些,尽量提早换料。

3. 通风换气

开产前期乃至整个产蛋期都要进行良好的通风换气。生殖系统迅速发育需要空气含有足够的氧气量,舍内通风好,则舍内氧气浓度高，二氧化碳浓度及其他有害气体的分压低。舍内空气新鲜可使血液中氧的含量充足，保证机体旺盛代谢所需的氧，也是卵巢中卵泡能否发育成熟的关键所在。舍内通风良好，鸡的活动加强，体内代谢旺盛，有利于生殖系统的发育。

4.产蛋箱的管理

肉种鸡饲养到18～19周龄时，要将已消毒过的产蛋箱抬入鸡舍。抬入或放产蛋箱时舍内要暗光，除1～2个灯泡正常照明外，其他的灯泡均关闭可减少鸡群应激。放产蛋箱同时也放置底板和垫料。在诱导母鸡进入产蛋箱的训练时，饲养员先在产蛋箱内放入母鸡，关上产蛋箱并让别的母鸡看到；也可将塑料材质的白色蛋型物放在窝内引诱母鸡进产蛋箱。但要防止鸡在产蛋箱内过夜、排便，因此按鸡常规产蛋时间定期打开或关闭产蛋箱。放置产蛋箱的时间是在光刺激之前。

5.垫料

进行光刺激后，鸡群活动增加，垫料减厚速度快，应在21周龄末以前补足，同时要每天翻垫料1次。翻垫料的目的之一是让鸡群有良好的生活环境，其二是刺激鸡多活动，第三是顺便把产蛋箱下的鸡赶出来，接受光照，以便提高性发育均匀度。当垫料板结或有硬块时需要全部更换垫料。若舍内鸡群发病后，垫料需淘汰后更新。

（二）产蛋期的管理

1.种母鸡的营养需要

种母鸡产蛋期的营养需要特点是氨基酸平衡，钙含量高。因此，要求产蛋前期饲料中蛋白质、能量、微量元素、多种维生素和氨基酸高于育成期。产蛋后期，氨基酸和磷均低于产蛋前期，而钙含量高于产蛋前期。

2. 调整饲喂量

(1)产蛋率5%至高峰产蛋率的饲喂量　性成熟好的鸡群，从5%产蛋率到70%产蛋率期间，时间不超过4周，每只鸡日产蛋率至少增加2.5%；产蛋率从71%～80%这段时间是关键时期，每只日产蛋率必须增加1%以上；从81%直至产蛋高峰来临时，每只日产蛋率仍上升0.25%，此阶段增加的料量多少决定能否达到最高产蛋率的关键。

(2)高峰后的喂料量　当产蛋率达到高峰后持续5 d不再增加时，可刺激性的每天每只鸡增加2.5 g料，统计随后4 d的平均产蛋率，若比加料前有所提高，则加料量维持下去；若比加料前降低，则把增加的料量撤下来。然后，高峰产蛋量每下降4%～5%时，每只鸡减料2～3 g，以后每当产蛋率下降1%时，每只鸡减料1 g。还要考虑气温变化，若舍外降温要适当加料。

(3)掌握好鸡的采食速度　产蛋率为5%时，鸡吃完料的时间比较短，一般在1～2 h；在产蛋高峰期吃完料的时间一般在2～5 h。不同的饲养方式，采食速度也有差异。地面垫料或棚架饲养时，采食快，一般2～3 h吃完料；笼养时，鸡的紧迫性差，一般4 h吃完料。不同季节的采食速度受气温影响也比较大，冬天采食快，夏天采食慢。一般每天的采食时间保持在7～10 h，才能供给足够的营养用于产蛋需要。

3. 适宜的饮水量

种鸡的饮水量取决于环境温度与采食量，当气温高为32～38℃时与气温21℃比较，鸡只的饮水量要增加2～3倍。产蛋期要适量限水，目的是防止垫料潮湿。饮水量的适合与否可以检查嗉囊的软硬程度，若嗉囊松软，为饮水适合；若较硬，饮水不足。

【提交作业】

如何监测肉种鸡育雏、育成、产蛋期生长发育是否符合标准？

【任务评价】

工作任务评价表

班级		学号		姓名	
企业(基地)名称		养殖场性质		岗位任务	种母禽的饲养管理

一、评分标准

说明:考核共5项,总分100分;分值越高表明该项能力或表现越佳,综合评分为各项评分的综合。90分以上优秀,75≤分数<90良好,60≤分数<75合格,60分以下不合格。

考核项目	考核标准	得分	考核项目	考核标准	得分
综合素质(55分)			专业技能(45分)		
专业知识(15分)	育雏期的饲养管理;育成期的饲养管理;开产前的饲养管理;产蛋期的饲养管理。		育雏期饲养管理(15分)	育雏前的准备工作;育雏期的环境控制;做好雏鸡断喙工作;做好饮水管理;按饲养管理手册要求及体重添加饲料;做好光照控制。	
工作表现(15分)	态度端正;团队协作精神强;质量安全意识强;记录填写规范正确;按时按质完成任务。		育成期饲养管理(15分)	有效地控制鸡群的整齐度;合理的光照程序;根据鸡群的体重进行限饲。	
学生互评(10分)	根据小组代表发言、小组学生讨论发言、小组学生答辩及小组间互评打分情况而定。		开产前管理(5分)	光照刺激;饲料的转换;产蛋箱的管理。	
实施成果(15分)	育雏前的准备工作;育雏期饲养管理;育成期饲养管理;产蛋期饲养管理。		产蛋期饲养管理(10分)	稳定的产蛋环境;高峰料的添加;体重管理;合理补钙。	
综合分数:______分　优秀( )　良好( )　合格( )　不合格( )					

二、综合考核评语

(该学生是否掌握了该岗位的专业知识、专业技能及掌握程度,能否通过该岗位技能考核)

老师签字:

日　　期:

说明:此表由校内教师或者企业指导教师填写。

工作任务三　种禽的利用与淘汰

【任务描述】

充分发挥种禽的生产性能，实施强制换羽技术。

【任务情境】

能按照要求实施公母禽强制换羽技术，提高种禽的产蛋效益；在产蛋中出现抱窝现象时，用有效的方法进行处理；在养殖过程中，要及时淘汰不良种禽，减少饲料浪费及对健康鸡群的影响。

【任务实施】

一、种禽的合理利用

种鸡的生产周期在 66 周左右，在一般情况下，超过 66 周则产能下降，应该淘汰，进行下一生产周期的准备，但在某些情况下，如果肉鸡的行情比较好，或者可以预期，在一段时间内，成本核算上有利益优势，此时可以实施强制换羽技术。

（一）准备期

(1)挑鸡　转鸡前挑选体质较好、体重适中、产蛋性能好的母鸡进行强制换羽，淘汰过肥、过瘦、病鸡、残鸡。如果换羽时种鸡的周龄偏长(68 周或更长)，已换羽或换羽超过 4 根的母鸡比例较大应在上笼前将其单独饲养，执行产蛋期饲养程序另外准备公鸡。选择体质较好，体重适中(4 500 g)，无疾病和其他缺陷的公鸡进行换羽。

(2)分群　挑选合格的种鸡按体重进行合理分栋。要求单栋均匀度 75%，不得低于 70%。公鸡单独饲养密度 6 500 只/栋，不应太大。

(3)鸡舍冲洗消毒　鸡舍空出后进行全面冲洗消毒,要求同进鸡前鸡舍冲洗消毒一样。

(4)控制光照　强制换羽第3天更换15 W灯泡。做好鸡舍的封闭工作,杜绝透光现象。

(5)整修鸡笼、水线　保证鸡笼不变形,水位充足,鸡只饮水方便。

(二)实施期

(1)实施期第1～2天鸡舍温度控制在20℃,光照时间升至每天24 h。母鸡第1天料中按1 kg/100只鸡的量添加消过毒的石粉。

(2)确定基础体重对每栋鸡进行称重,数量为全栋鸡群的3%,均匀分布4个称重点,并做好标记。计算每栋的基础体重。

(3)尽量减少在鸡舍内走动的次数(2～3次/d即可)。仔细观察鸡群,随时淘汰有啄羽习惯和不能坚持到最后的鸡只并记录产蛋为0的时间。

(4)换羽体重控制实施期间要多次定时定点称重。第1天和第7天各称重一次,从第10天后每2 d称重一次,每次称取3%,确保样本的代表性和准确性。鸡群在体重失重率达到25%,死淘率不超过3%时进入恢复期(13 d左右)。

(5)从第10天开始密切注意每栋鸡群的失重情况,将符合标准的鸡恢复。特别是后期,避免种鸡因失重过大而影响其体能和生产性能的恢复。

(6)实施后期每日清理鸡毛,装好后运出鸡舍烧掉,防止鸡啄食。

(7)在断料实施期,生产场不经品控处同意不得私自加料。

(8)实施期结束前调整鸡群,填充中间的空笼位。保证每只鸡采饲到足够的饲料。

(三)恢复期

(1)鸡群进入恢复期光照时间升至每天 8 h。

(2)第一次上料时要严格按照每列笼的鸡只数进行称料,每个笼位的饲料要均匀保证每只鸡都能采饲到要求的料量。

(3)必须严格按饲喂方案饲喂,不得私自改动。

(4)严格执行光照程序。

(5)统计鸡群的死淘率,并记录恢复失重 50%的时间、见蛋时间、产蛋率到 5%和 50%的时间、产蛋高峰时间。

(6)从开始恢复到产蛋率 5%期间的挑鸡工作非常重要,挑出太瘦而不是体重太小的鸡单独饲养。

(四)免疫接种

(1)挑鸡转群后进行一次喷雾免疫。

(2)恢复期第 3 天进行一次驱虫。

(3)恢复喂料后 14 d 进行免疫接种。

(4)开始产蛋时补充多维和抗生素。

(五)饲喂方案

1. 公鸡

实施期维持料量 110 g 左右。既要将其体内腹脂消除又不能使其过分消瘦,大约失重 10%时开始加料,每周增加 5 g/只。高峰期,料量 165 g 左右。

2. 母鸡

(1)实施期(表 5-3-1)

表 5-3-1　种母鸡强制换羽实施期的饲喂方案

日期	料量	饮水	光照时间/h	光照强度/(lx/m²)
1	60 g/(d·只)	不限水	24	32
2	绝食	限水(2 次/d)	24	32
3	绝食	停水	8	8
4～15	绝食	限水(2 次/d)	8	8

(2)恢复期(表 5-3-2)

表 5-3-2　种母鸡强制换羽恢复期的饲喂方案

日期	料量/(g/(d·只))	饮水	光照时间/h	光照强度/(lx/m²)
1	60(302 料)	限水(2 次/d)	8	8
2	60	限水(2 次/d)	8	8
3	76	限水(2 次/d)	8	8
4	76	限水(2 次/d)	8	8
5	76	限水(2 次/d)	8	8
6	82	限水(2 次/d)	8	8
7	82	限水(2 次/d)	8	8
8～9	108	供水	12	32 (体重增加 20%时)
10～11	114	供水	12	32
12～14	134(303 料)	供水	12	32 (14 d 时体重应恢复失重的 50%,不要增重太快)
15～19	140	供水	13	32
20～24	145(304 料)	供水	13	32 (产蛋率到 5%时开始换产蛋料,光照加至 14 h/d)
25～29	150	供水	14	32
30～36	160	供水	14	32
37～46	165	供水	15	32 (40 d 左右产蛋率应达到 50%)
47～淘汰	165	供水	16	32

二、种禽抱窝的处理

产蛋鸡抱窝会严重影响产蛋效益,造成不必要的损失,一定要采取相应的措施,让产蛋鸡醒抱。

抱窝鸡的处理方法（醒抱的方法）很多，但是无论哪一种方法，都是在发现鸡有抱窝表现后处理得越早效果越好，如果鸡的抱窝行为已经出现 4 d 以上才发现并进行处理，则需要较长的恢复期。

处理方法一：发现鸡有抱窝行为时将其抓住，放在专门设置的笼内（可以使用一般鸡场内的产蛋鸡笼），然后给每只鸡填服一片氯丙嗪，如果是抱窝行为表现很强的鸡在第 2 天再填服一片，通常填服 1～2 次即可。也可以填服安乃近或去痛片一片，一般 2～3 d 即可醒抱。如一次不行，可同等剂量再服一次。有试验认为，每只鸡每天喂一片雷米封（异烟肼），隔天 1 次，一般用 2 次后即可醒抱。

处理方法二：把抱窝鸡关在笼内，在鸡的胸肌或腿肌内，注射丙酸睾丸素（按每千克体重 12.5 mg）或三合激素（每只注射 0.5～0.7 mg），即可使抱窝鸡在 1～2 d 内醒抱。

处理方法三：把抱窝鸡在凉水中浸洗一会儿，使其胸腹部羽毛湿透并放到笼子内而不能卧下，可起到催醒作用。

三、不良种禽的淘汰

鸡群养得好，经济效益就高，要想发挥鸡群最大的生产性能，就要随时淘汰掉一些病鸡、残鸡、弱鸡或发育不好的鸡只，这些鸡在鸡群中会慢慢死亡、消耗饲料并会影响其他健康鸡只，因此，要经常观察鸡群，及时发现并淘汰此类鸡只。

1. 病鸡

群体养殖，每个鸡舍少则七八百只，多则上万只，由于上苗、环境或者其他原因，会有个别鸡只免疫力不强生病的现象，如不及时处理，会影响大群，造成不可弥补的损失。

2. 残鸡

舍内一些设备上的铁制品如钉子或铁丝头等，如不能妥善处理，往往会刮伤鸡的脚爪和翅膀。或者一些缝隙会掰伤鸡的腿部，造成腿瘸，胸囊肿等，严重影响鸡群的生长发育，也需要淘汰。

3. 其他应该淘汰的鸡只

有些鸡只孵化出来就很弱小，虽然和大群一起生长，但始终不能赶上大群的生长状态，体重偏低。还有一些鸡冠发紫、小、苍白的产蛋鸡，这些都要淘汰。

【知识链接】

光照强度是怎么计算的?

勒克斯(lx)：被光均匀照射的物体，距离该光源 1 m 处，在 1 m^2 面积上得到的光通量是 1 lm(流明)时，它的照度是 1 lx。习称“烛光米”。

光照强度＝光通量/单位面积。至于 lx 的换算对很多人来说也是比较抽象。现推荐一种简单的换算方法。

光是一种辐射能，故各种光源所发出的光能都有一定的强度。这种光能的强度，就叫作“光强度”。它一般以烛光为计算单位。即以点燃一种特制的鲸油蜡烛，依它沿水平方向的发光强度作为基数——1 烛光。现在所用的以电源发光的光源，其光强度的计算单位仍以烛光为标准，称作国际烛光。在习惯上我们称瓦特。25 W 的电灯，其光强度等于 25 国际烛光。

【提交作业】

某父母代种鸡场饲养种鸡 10 万只，其中某一栋鸡舍 1 万只产蛋母鸡产蛋平稳，鸡群状态良好，生产日龄为 65 周，为了提高鸡群的利用率，减少生产成本，缩短后备期，生产场长决定实施强制换羽，请你制定强制换羽方案。

【任务评价】

工作任务评价表

班级		学号		姓名	
企业(基地)名称		养殖场性质		岗位任务	种禽的利用与淘汰

一、评分标准

说明:考核共5项,总分100分;分值越高表明该项能力或表现越佳,综合评分为各项评分的综合。90分以上优秀,75≤分数<90良好,60≤分数<75合格,60分以下不合格。

考核项目	考核标准	得分	考核项目	考核标准	得分
综合素质(55分)			专业技能(45分)		
工作表现(15分)	种禽的生产性能;种禽的强制换羽技术;对影响种群的不良家禽应该及时淘汰;不良种禽的识别。		强制换羽技术(20分)	挑鸡,淘汰不合格鸡;按体重分群,控制光照,最好使用遮黑鸡舍;严格控制饲料及饮水。	
工作表现(15分)	态度端正;团队协作精神强;质量安全意识强;记录填写规范正确;按时按质完成任务。		种禽抱窝的处理(15分)	及时发现抱窝母禽;药物使用;物理治疗。	
学生互评(10分)	根据小组代表发言、小组学生讨论发言、小组学生答辩及小组间互评打分情况而定。		不良种禽的淘汰(10分)	不良种禽对鸡群的影响;那些家禽属于不良种禽;及时发现不良种禽并淘汰。	
实施成果(15分)	根据生产要求进行强制换羽,有实际效果;对抱窝鸡只采用物理和药物方式治疗,效果明显;经过对不良家禽的淘汰,种群生长状态好,经济效益显著。				

综合分数:______分　　优秀(　)　　良好(　)　　合格(　)　　不合格(　)

二、综合考核评语

(该学生是否掌握了该岗位的专业知识、专业技能及掌握程度,能否通过该岗位技能考核)

老师签字:

日　　期:

说明:此表由校内教师或者企业指导教师填写。

项目六

蛋禽饲养管理岗位技术

岗位能力

使学生具备蛋禽育雏、育成、产蛋期的饲养管理、蛋的收集与运输方法以及蛋禽生产指标的评定与记录等岗位能力。

实训目标

掌握雏禽的开食、开水技术；能正确实施蛋禽营养的供应，育成期的限制饲养以及产蛋鸡、鸭、鹅的饲养技术；针对养殖条件，正确实施蛋禽的转群，均匀度调控以及其他相关管理措施；能针对不同季节、禽舍条件及蛋禽周龄，进行环境调控，为蛋禽提供适宜的环境条件；掌握蛋品收集、分级、包装及运输技术要点；能准确分析蛋禽生产性能并加以评定；掌握蛋禽生产记录表格的设计并能准确填写与分析。

工作任务一　育雏期的饲养管理

【任务描述】

在充分了解雏禽特点的基础上，通过合适的饲养管理及环境调控，提高雏禽饲养成活率，为以后的蛋禽生产打下良好的基础。

【任务情境】

通过了解和掌握雏禽饲养管理要点，如开水、开食及饲喂方法，雏禽对环境条件的要求以及育雏期日常管理和记录，做到科学的饲养管理。育雏期科学的饲养管理，使雏禽达到健康的体格、均衡的生长发育，为育成期和产蛋期打下良好的基础，提高养殖效率，进一步提高养殖的经济效益。

【任务实施】

一、开水

雏鸡接入育雏室后，第一次喂水称为开水或初饮。

1. 开水的时间

雏鸡运到雏鸡舍后，在育雏舍经短时间休息、适应后，再供给饮水，一般应在其绒毛干后 12～24 h 开始初饮为佳。

2. 水温要求

雏鸡的初饮水温接近室温（16～20℃）。

3. 水质要求

不宜喂自来水。第一次饮水用 0.05%高锰酸钾溶液，用手指伸入水中可见微红即可。对清除胎粪、促进卵黄吸收有好处。前 2 d 饮水中加入 5%的红糖和 0.1%的维生素 C，以降低雏鸡的死亡率。以后保持有清洁饮水。也可饮凉白开水或将自来水提前放育雏舍预热几小时后饮用。一般情况下，雏鸡 1 d 换 3 次水，天气炎热时，增加换水次数。为便于雏鸡取暖、饮水和采食，饮水器应安放在热源附近。

4.开水调教

用手轻握雏鸡身体，食指轻按头部，使鸡喙进入水中，稍停片刻，即可松开食指，雏鸡仰头将水咽下，经过个别诱导，鸡只会很快互相模仿，以至普遍饮水。育雏室内要打开灯源，以便雏鸡适应环境。

5.开水后饮水管理

1 周后可以饮用自来水，但饮水始终要保持充足，不间断，质量清洁，达到人用饮水标准。饮水器每天至少要洗刷一次，并用0.1%新洁尔灭溶液消毒一次。笼养时第二周开始训练在笼外水槽中饮水，水槽高度应随日龄增大而调整；平面育雏时 10 日龄后随着日龄增大而调整饮水器高度，一般饮水器水盘边缘高度与雏鸡背在同一平面上。为便于雏鸡及时饮水，饮水器要均匀分布于育雏舍或笼内，并尽量靠近光源，避开角落放置，让饮水器的四周都能供鸡饮水。饮水器的大小或数量随雏鸡日龄的增加而调整。一般 2～6 周龄保证每只鸡都能饮到水的前提是保持每只鸡占有2.2～2.5 cm 的水槽位置。

二、开食

雏鸡接入育雏室后第一次喂料称为开食。

1.开食时间

开食一般在初饮后 3 h 至出壳后 24 h 以前，观察鸡群，当有1/3 的个体表现出求食行为(有寻食、啄食表现时)就可以开食了。

2.开食方法

将准备好的饲料撒在硬纸、塑料布上，或浅边食槽内。当一只鸡开始啄食时，其他鸡也纷纷模仿，全群很快就能学会自动吃料、饮水。也可采用人工诱食的方法(用手轻轻撞击料盘)，让鸡群尽快吃上饲料。开食时，为使雏鸡较易发现饲料，应增大光照强度。开食器具应与饮水器交替间隔、均匀的码放在热源附近，以保证每只鸡都可以采食到饲料。

3. 开食料要求

开食料要求新鲜，颗粒大小适中，营养丰富，易于啄食和消化，常用玉米、小米、全价颗粒料、破碎料等，这些开食料最好先用开水烫软，吸水膨胀后再喂，经 1～3 d 后改喂配合日粮。大群养鸡场也有直接使用雏鸡配合料。开食料要供应充足。

三、饲喂技术

1. 喂饲次数

喂料时应坚持做到“定时、少喂、勤添、八成饱”的原则，这样既可促进雏鸡的食欲，也可以防止暴食。育雏前 3 d 每天喂料 7～8 次，4～7 d 每天喂料 6～7 次，第 2 周每天喂料 5 次，第 3 周后每天喂料 4～5 次。

2. 喂料量

可以参考育种公司推荐的量，控制时按喂饲后 20～30 min 能够吃完为宜。

3. 喂饲工具

前 3 d 用料盘、塑料布、报纸均可。用浅料盘喂料，50～60 只雏鸡一个平底塑料盘。4 d 后使用料桶，笼养时第二周开始训练使用料槽采食。每次喂料时将料槽和料桶内都加上料，以后逐渐减少料桶中加料量，增加料槽中料量以诱使鸡在料槽中采食。15 d 后笼养蛋鸡全部采用料槽喂料。

料桶或料槽高度和数量应随日龄增大而调整。以料桶高度底盘边缘或料槽边缘与鸡背在同一水平线上为宜。喂料器具应保持清洁卫生，每天洗刷消毒。

4. 饲料要求

饲料应满足雏鸡的营养需要，颗粒大小要适中，粉料不利于采食,多以碎裂料为宜。减少消化率低的饲料原料用量如菜籽粕、棉仁粕、羽毛粉、血粉等。卫生质量应达标,禁喂发霉、变质饲料。

5.喂料管理

经常观察雏鸡的采食情况(包括采食积极性、采食量、饲料有无抛洒、有无粪便污染)和饮水情况。受污染的饲料必须及时清理掉,喂料用具要定期清洗和消毒。如果更换饲料则应有一个过渡过程,使雏鸡能够逐步适应。雏鸡的饮水器和食槽在育雏室内分布均匀,水槽、食槽间隔放置,平面育雏开始前几天,水槽和食槽位置离热源稍近些,便于雏鸡取暖、饮水和采食。为了促进采食和饮水,育雏前 3 d,全天连续光照。这样有利于雏鸡对环境适应,找到采食和饮水的位置。

四、环境控制

1.温度控制标准

温度是育雏成败的关键。育雏温度包括舍内温度和鸡体周围温度。舍温一般低于鸡体周围的温度。开始育雏阶段,必须给以较高的温度,一般 33～35℃对雏鸡更有利于卵黄的吸收和抗白痢。第 2 周开始,每周降低 2～3℃。并根据气温情况,在 5～6 周龄左右脱温。适宜的育雏温度见表 6-1-1。表中温度上限指白天温度,下限为夜间温度 。

表 6-1-1 育雏的适宜温度 ℃

周龄	0～1	1～2	2～3	3～4	4～5
鸡体周围温度	35～32	32～29	29～27	27～21	21～18
育雏室温度	24	24～21	21～18	18	18

根据雏鸡的分布和活动情况,来判断育雏温度是否合适。温

度合适时雏鸡分布均匀，采食饮水正常；温度高时，雏鸡远离热源，张嘴呼吸；温度低时，雏鸡在热源处扎堆；有贼风时雏鸡则躲向一侧。

鸡体周围的温度是指鸡背高处的温度值。测温时要求距离热源 50 cm，用保温伞育雏时，将温度计挂在保温伞边缘即可。立体育雏，要将温度计挂在笼内热源区底网上。整个育雏期间供温应适宜、平稳，切忌忽高忽低。随着鸡龄增加，温度应逐渐降低，但降温不能突然，每周下降 2～3℃，即每天下降 0.5℃左右，不能一次降 2～3℃。

2. 相对湿度控制标准

育雏室的相对湿度是：1～2 日龄为 65%～70%，10 日龄以后为 55%～60%。育雏前期要增大环境湿度，可采用定期向空间喷水或用加湿器补湿等方法调节湿度。随日龄的增加，要注意防潮，尤其要注意经常更换饮水器周围的垫料，以免腐烂、发霉。防止雏鸡舍湿度过高的措施是：定时清除粪便，勤换、勤晒垫草，饮水器不漏水，注意做好通风换气工作，适当减小饲养密度。

3. 通风控制标准

通风和保温是相互矛盾的，开放式鸡舍可通过开关门窗来换气；密闭式鸡舍，主要靠动力通风换气。通风时不要让气流直接吹向鸡群，用布帘或过道的方法缓解气流，可避免冷空气直接吹入。通风前可适当提高舍温 2℃左右，冬季通风应避免在早晚气温低时进行，宜在中午进行。根据鸡舍内气味好坏灵活启闭通风门窗。1 周后的雏鸡可逐渐加大通风量，尤其在天气不很冷时，应每隔 2～3 h 进行通风换气一次，这样可提高雏鸡对温度变化的适应能力。

4. 光照控制标准

1～3 日龄每天光照时间 23～24 h，用 60～100 W 的灯泡。

4～14 日龄每天光照 16～19 h，用 45～25 W 的灯泡。第 3 周开始将光照时间逐步缩短至每日光照 8～9 h，一直到 6 周龄育雏结束，用 25 W 的灯泡。有窗鸡舍可采用自然光照，夜间为了给雏鸡补饲，定时开 2 次灯，每次 2 h 左右。

5. 密度控制标准

单位面积饲养的雏鸡数即饲养密度。根据房舍结构、饲养方式、雏鸡品种的不同，确定合理的饲养密度。与密度相关的还有组群数量。平养条件下 300～400 只一群，最多不超过 500 只一群。强弱分开，公母分群饲养。适宜的饲养密度见表 6-1-2。

表 6-1-2　0～6 周龄雏鸡饲养适宜密度　只/m^2

周龄	地面平养		笼养		网上平养
	轻型蛋鸡	中型蛋鸡	轻型蛋鸡	中型蛋鸡	
1～2	25～30	30～26	60～50	55～45	40
3～4	28～20	25～18	45～35	40～30	30
5～6	16～12	15～12	30～25	25～20	25

五、日常管理与记录

1. 观察鸡群

(1)观察鸡群的采食饮水情况　加料时观察鸡群给料反应，采食速度，争抢的程度以及饮水情况，可以了解雏鸡的健康状况。

采食量减少原因：可能是饲料质量的下降、饲料品种或喂料方法突然改变、饲料腐败变质或有异味、育雏温度不正常、饮水不充足、饲料中长期缺乏沙砾或鸡群发生疾病等。

鸡群饮水过量原因：育雏温度过高，育雏室相对湿度过低，或鸡群发生球虫病、传染性法氏囊病等，也可能是饲料中使用了劣质咸鱼粉，使饲料中食盐含量过高所致。

(2)观察雏鸡的精神状况　离群闭眼呆立、羽毛蓬松不洁、翅膀下垂、呼吸有声音、食欲减退的鸡要将其单独饲养或淘汰。

(3)观察雏鸡的粪便情况　刚出壳、尚未采食的雏鸡排出的胎粪为白色或深绿色稀薄液体，采食后排圆柱形或条形的表面常有白色尿酸盐沉积的棕绿色粪便。有时早晨单独排出的盲肠内粪便呈黄棕色糊状。病理状态下的粪便有以下几种情况：发生传染病时，雏鸡排出黄白色、黄绿色附有黏液、血液等的恶臭稀便；发生鸡白痢时，粪便中尿酸盐成分增加，排出白色糊状或石灰浆样的稀便；发生肠球虫病时排出呈棕红色的血便。

(4)观察鸡群的行为　观察鸡群有没有恶癖如啄羽、啄肛、啄趾及其他异食现象，检查有无瘫鸡、软脚鸡等，以便及时判断日粮中的营养是否平衡。

2.定期称重

选择早上喂料前对鸡群进行称重。每周或隔周随机抽测5%～10%的雏鸡体重，与本品种标准体重比较，计算整齐度(在标准体重±10%范围内的鸡数占全群鸡数的百分比来表示)，如果有明显差别，要及时调整饲养管理措施。

3.及时分群

通过称重可以了解鸡群的整齐度情况。当整齐度低于标准时进行分群管理。将体重大小、体质强弱一致个体分在同一个群内。通过分群饲养，提高群体整齐度。

4.适时断喙

断喙适宜时间为6～10日龄，避开免疫接种时间，选择鸡只体质健康且外界环境条件适宜时间断喙。

(1)断喙工具　断喙使用的工具最好是专用断喙器。也可用电烙铁或烧烫的刀片切烙。

(2)断喙器调节　6～10日龄的雏鸡，刀片温度达到700℃较适宜，这时刀片中间部分发出樱桃红色，这样的温度可及时止血、消毒。

(3)断喙方法　左手握住雏鸡，右手拇指与食指压住鸡头，将喙插入刀孔，切去上喙1/2，下喙1/3，做到上短下长，切后在刀片上灼烙2～3 s，以利止血。

(4)断喙注意事项　避开免疫时间及鸡群生病时间；断喙的同时避免其他的应激；在断喙后全天供给含维生素K_3的饮水(在每10 L水中添加1 g维生素K_3)防止出血，或在断喙前后3 d料内添加维生素K_3，每千克料约加2 mg；调节好刀片的温度，熟练掌握灼烧的时间，防止灼烧不到位引起流血；断喙后食槽内要多加饲料，饲料厚度不要少于3～4 cm，以免鸡采食时碰到硬的槽底有痛感而影响吃料。种用小公鸡可以不断喙。

5.预防疾病

(1)采用全进全出制　全进全出制是隔离传染病的有效方法。在鸡群转出后，转入前空舍2～3周，并进行严格消毒可以有效提高育雏成活率。

(2)免疫接种要重视　根据鸡只健康状况、母源抗体水平、当地疫病流行特点和生产实际情况制定科学可行的免疫程序。免疫接种具体要求参照项目九中的工作任务三。

(3)做好卫生消毒工作　禽舍常用物品要定期清洗和消毒避免有害菌的繁殖。

6.做好育雏记录

项目包括记录时间，雏禽日龄(周龄)，存栏数量，每天死亡及淘汰数量，饲料消耗量及饲料型号，称重情况，禽舍环境温湿度变化，防疫情况，用药情况等，最后统计发病率、死亡率及总的成活率，便于对育雏效果进行总结和分析。

【知识链接】

育雏期日常管理操作规程(表 6-1-3)

表 6-1-3　育雏期日常管理操作规程

时间		工作内容
早上	5:00	检查鸡舍温、湿度,查鸡群情况,看有否病鸡、死鸡。
	5:00～5:30	清洗水槽、加料,如果喂青饲料、投药等需先拌料。
	5:30～8:00	刷水槽1～2次并消毒一次;擦食槽,每周两次;每周打扫墙壁、屋顶、屋架,擦门窗玻璃、灯泡一次;清理下水道;铲除走廊上鸡粪等。
上午	8:00～8:30	早饭。
	8:30～10:00	观察鸡群,挑选治疗病鸡;对病鸡、好斗鸡调整单养;匀料。
	10:00～10:40	加料并清扫。
	10:40～12:00	检查鸡群情况、挑选治疗病鸡,登记。
	12:00～12:30	匀料、清扫鸡舍、工作间、更衣室卫生、洗刷用具、准备交班。
	12:30～13:00	午饭。
下午	13:00～13:30	交接班、讲评、交班双方共同检查鸡群、鸡舍设备。
	13:30～14:30	冲水槽、观察鸡群,擦风扇叶。
	14:30～15:10	加料并清扫。
	15:10～16:30	观察鸡群,挑选治疗病鸡,匀料,调整鸡笼,挑出发育不良的鸡等。
	16:30～17:30	修鸡笼,观察温度。
	17:30～18:00	晚饭。
晚上	18:00～19:00	加料并清扫鸡舍,值班室、更衣室、鸡舍卫生、洗刷水槽一次。
	19:00～22:00	紫外线照射、观察鸡群、匀料、消毒、填写值班记录。结算当天耗料数、死淘数、关灯。
	22:00～5:00	观察鸡群、温度,喂料,换水。

【提交作业】

育雏方案的编制:根据育雏舍实际情况以及鸡苗情况,制订育雏方案。要求育雏方案中要涵盖育雏过程的主要知识点,对于技能方面要详细描述。

【任务评价】

工作任务评价表

班级		学号		姓名	
企业(基地)名称		养殖场性质		岗位任务	育雏期的饲养管理

一、评分标准

说明:考核共5项,总分100分;分值越高表明该项能力或表现越佳,综合评分为各项评分的综合。90分以上优秀,75≤分数<90良好,60≤分数<75合格,60分以下不合格。

考核项目	考核标准	得分	考核项目	考核标准	得分
综合素质(55分)			专业技能(45分)		
专业知识(15分)	雏禽的开水、开食管理要求;饮水及喂料管理;雏禽的分群管理;适宜环境条件调控;日常观察要点;生产记录与分析。		开水与开食(10分)	开水、开食的方法合理;开水、开食时鸡群采食饮水正常、整齐,效果好。	
工作表现(15分)	态度端正;团队协作精神强;质量安全意识强;记录填写规范正确;按时按质完成任务。		采食与饮水管理(20分)	饮水及喂料设备使用合理,够用;饮水喂料设备的更换及时且更换设备时对鸡群调教合理有效;喂料量符合要求。	
学生互评(10分)	根据小组代表发言、小组学生讨论发言、小组学生答辩及小组间互评打分情况而定。		日常管理(10分)	环境条件调控合理,雏禽舍温湿度适宜;通风合理,舍内有害气体含量不超标;密度合适;雏禽成活率达到育雏期末要求。	
实施成果(15分)	雏禽舍环境适宜;雏禽群分群合理;饲喂得当;有合理详细的生产记录;育雏成活率高。		生产记录(5分)	生产记录设计合理,不缺少主要项目;生产记录详尽;有分析总结及注释。	

综合分数:______分　优秀(　)　良好(　)　合格(　)　不合格(　)

二、综合考核评语

(该学生是否掌握了该岗位的专业知识、专业技能及掌握程度,能否通过该岗位技能考核)

老师签字:

日　　期:

说明:此表由校内教师或者企业指导教师填写。

工作任务二　育成期的饲养管理

【任务描述】

在充分了解育成期家禽特点的基础上，通过合适的饲养管理及环境调控，提高育成期家禽饲养成活率，为以后的蛋禽生产打下良好的基础。

【任务情境】

通过了解和掌握育成期家禽饲养要点，采用正确的饲喂方法，实施合理的限制饲养，以提高禽群生长发育整齐度。进一步了解和掌握育成禽管理要点，做好日常管理，提高育成期末成活率和群体均匀度，为产蛋期打下良好的基础，提高养殖效率，进一步提高养殖的经济效益。

【任务实施】

一、育成鸡的转群

1. 转群时间

7～8 周龄由雏鸡舍转到育成舍。18～19 周再由育成舍转到产蛋舍。采用两段制饲养方式则只需要在 12 周龄前后将青年鸡从育雏室转入产蛋鸡舍。转群要选择鸡群健康状况良好时进行。夏季选择在凉爽的早晨，冬季在暖和的中午转群。

2. 转群步骤

(1)转入舍的准备　对转入舍进行清洗、消毒和空舍。舍内生产所需设备设施要调试好。

(2)转群鸡只准备　鸡只健康，体型大小符合本品种特征。挑出弱小、病、残个体。转群的前 3 d 在饲料中适当添加多维和抗生素，以增强鸡群抵抗力。

(3)转群用品准备　转群用到的车辆、转运筐等要提前进行清洗、消毒后使用。

(4)抓鸡要求　从笼中抓鸡时,双手伸入笼中,抱住鸡两肩部,将鸡抱出,不能单手抓或抓翅膀;转运鸡只时,应用手抓鸡双腿,倒提,不可抓翅膀或颈部;也可从笼中抓出后,直接放入转运笼中运送。放入转运笼时要让鸡头先进入转运笼中,以减少伤残。

3. 转群要求

转群前先调弱舍内灯光,以减轻转群应激。转群时,来自同一层的鸡最好转入相同的层次,避免造成大的应激;将发育良好、中等和迟缓的鸡分栏或分笼饲养。对发育迟缓的鸡应放置在环境条件较好的位置(如上层笼),加强饲养管理,促进其发育。

二、限制饲养技术

1. 分群

根据称重结果对鸡群进行分群。将体重一致个体分在同一群内,以便饲养。

2. 制订限制计划

根据称重情况,制订限饲计划。计划包括限饲时间、限饲方法及饲喂量。

3. 确定限饲时间

根据育成鸡的体重及健康状况具体确定限饲开始和终止时间。一般最早在 8 周龄开始限饲,最晚 18 周龄结束,可以全程也可以中间某一段时间限饲。

4. 限饲方法

限制饲养方法有限质、限量和限时等。限质法,即在氨基酸平衡的条件下,饲料的粗蛋白质从 16%降至 12%～13%;或将饲料的赖氨酸降为 0.39%,可延迟性成熟。限量法,即每天饲喂自由采食量的92%～93%的全价饲料，饲料的质量可以不变。限时法分为以下几种：每天限时，每天固定采食时间，其他时间不喂料；隔日饲喂，隔1 d喂料1 d，1 d喂2 d的饲料；每周停喂1 d，把7 d的饲料集中在6 d饲喂；每周停喂2 d，把7 d的饲料集中在5 d饲喂；无论限饲几天，保证该周喂料总量为不限饲的92%～93%。

三、均匀度的控制

均匀度＝（达到样本平均体重±10%的鸡数）/抽测鸡数×100%

1. 称重

称重是了解鸡群体重的唯一有效的办法，而通过定期称重可以清楚地了解到鸡群体重的增重情况。

(1)定期称重　定期称重即每周称重一次，选择在早上喂料前称重，要求称量准确并记录。

(2)随机抽样　从8周龄开始每周进行一次随机抽样称重，一般抽取鸡群2%～5%的个体体重，每次抽测鸡只数量不少于50只。抽样要具有代表性，要求不同层笼及禽舍不同位置都要抽到。

2. 根据称重结果分群

称重后，把体重过重和过轻的鸡分开；育成期至少进行3次分群（通常在6周龄、12周龄、16周龄）；此外，可利用多次防疫的机会进行调群。分群同时进行饲养密度的调整。

3. 根据体重调整喂料量

称重结果要与品种标准体重比较，然后调整饲料喂量和制定换料时间，使鸡群始终处于适宜的体重范围。如果实际体重与标准体重相差幅度在3%以内可以按照推荐喂饲量标准喂饲，如果低于或高于标准体重3%则下周喂饲量在标准喂饲量的基础上适当增减，增减的幅度可以以体重差距的幅度为参考。每次加料要均匀，每次喂完料后要匀料，保证每只鸡均匀采食。

四、育成禽的饲养管理

1. 饲喂次数

育成前期每天喂饲 2～3 次；育成后期每天喂饲 1～2 次。使用笼养方式，由于料槽容量小，每天可喂饲 2～3 次，采用平养方式使用料桶喂饲则每天可以喂饲 1 次。

2. 饲料的更换

鸡群 7 周龄平均体重和胫长达标时，将育雏料换为育成料。否则继续喂雏鸡料，达标时再换；若此时两项指标超标，则换料后保持原来的饲喂量，并限制以后每周饲料的增加量，直到恢复标准为止。

如由雏鸡料向育成前期饲料过渡，第 1 天雏鸡料占 85%，育成前期料占 15%；第 2 天雏鸡料占 70%，育成前期料占 30%；第 3 天雏鸡料占 55%，育成前期料占 45%；第 4 天雏鸡料占 40%，育成前期料占 60%；第 5 天雏鸡料占 20%，育成前期料占 80%；第 6 天完全使用育成前期料。

3. 饮水管理

饮水供应要充足，禽舍内饮水设备分布均匀，防止缺水和漏水；每日检查饮水设备供水情况；乳头式饮水器要求能正常供水，不堵塞、不滴水，悬挂高度合适；需人工加水的饮水器要求每次加料前将饮水器加满；脏水不能倒在舍内，每次进舍加水前准备水桶，将脏水集中在桶中运走。每日洗刷饮水桶或水槽。

4. 温度控制标准

育成鸡舍内温度要控制在 15～28℃。冬季尽量使舍温不低于 10℃，夏季不超过 30℃。温度控制要注意相对的恒定，不能忽高忽低。如果鸡群 6 周龄育雏结束时处于冬季的低温季节，需要认真做好脱温工作。至少在10周龄前，舍内温度不能低于15℃。

5.湿度控制标准

在蛋鸡育成期很少会出现舍内湿度偏低的问题，常见问题是湿度偏高。因此，需要通过合理通风、减少供水系统漏水等措施降低湿度。

6.通风控制标准

每天都要定时开启通风系统进行通风换气。要求在人员进入鸡舍后没有明显的刺鼻、刺眼等不舒适感。冬季通风时在进风口设置挡板，避免冷风直接吹到鸡身上。

7.光照控制标准

(1)固定短光照方案　在育成期内把每天的光照时间控制为8～10 h，或在育成前期(7～12周龄)把每天光照时间控制为10 h，育成后期控制为8 h。这种方案在密闭鸡舍容易实施，在有窗鸡舍内使用的时候需要配备窗帘，在早晚进行遮光。

(2)逐渐缩短光照时间　有窗鸡舍使用。育成初期(10周龄前)每天光照时间15 h，以后逐渐缩短，16周龄后控制在每天12 h以内。

(3)育成后期加光时间的控制　发育正常的鸡群可以在18或19周龄开始加光，如果鸡体重偏低则应推迟1～2周加光。加光时间不能早于17周龄，即便是鸡的发育偏快。

加光的措施，第1周在原来基础上增加1 h，第2周递增40 min，以后逐周递增20～30 min，在26周龄每天光照时间达到16 h，以后保持稳定。

8.密度控制标准

平养10～15只/m^2，青年鸡笼养为每小笼4～5只。

9.隔离与消毒

杜绝无关人员进入鸡舍，工作人员进入鸡舍必须经过更衣消毒。定期对鸡舍内外消毒，饮水消毒。每天清扫鸡舍。

10.疫苗接种和驱虫

育成期防疫的传染病主要有新城疫、鸡痘、传染性支气管炎等。具体时间和方法见家禽的疫病防控部分。地面平养的鸡群要定期驱虫。

11.病死鸡和粪水的合理处理

生产过程中出现的病死鸡要定点放置,由兽医在指定的地点进行诊断。病死鸡必须经过消毒后深埋,不能出售和食用。

鸡粪要定点堆放,最好进行堆积发酵处理。污水集中排放,不能到处流淌。

12.鸡的选留

在育成后期,要根据鸡的体格和体质发育情况进行选留。淘汰那些有畸形、过肥、过于瘦小、体质太弱的个体。一般淘汰率为3%左右。

13.生产记录

每天要记录鸡群的数量变动情况(死亡数、淘汰数、出售数、转出数等)、饲料情况(饲料类型、变更情况、每天总耗料量、平均耗料量)、卫生防疫情况(药物和疫苗名称、使用时间、剂量、生产单位、使用方法、抗体监测结果)和其他情况(体重抽测结果、调群、环境条件变化、人员调整等)。

【知识链接】

(1)育成期每只鸡所需采食和饮水位置,见表6-2-1。

表6-2-1 每只鸡所需的采食和饮水位置 cm

周龄	采食位置		饮水位置
	干粉料	湿拌料	
7	6～7.5	7.5	2～2.5
8	6～7.5	7.5	2.2～5
9～12	7.5～10	10	2.2～5
13～18	9～10	12	2.5～5
19～20	12	13	2.5～5

(2)罗曼褐商品代蛋鸡体重、喂料量,见表 6-2-2。

表 6-2-2　罗曼褐商品代蛋鸡体重、喂料量

周龄	体重/g	喂料量/(g/(只·d))	累计耗料/(g/只)
7	536～580	43	1 372
8	632～685	47	1 701
9	728～789	51	2 058
10	819～888	55	2 443
11	898～973	59	2 856
12	969～1 050	62	3 290
13	1 030～1 116	65	3 745
14	1 086～1 176	68	4 221
15	1 136～1 231	71	4 718
16	1 182～1 280	74	5 236
17	1 230～1 332	77	5 775
18	1 280～1 387	80	6 335
19	1 339～1 450	84	6 923
20	1 402～1 518	88	7 539

【提交作业】

1. 育成期饲养管理方案的编制　根据育成舍实际情况以及鸡群情况,制订育成期饲养管理方案。要求育成期方案中要涵盖育成期全过程的主要知识点,对于技能方面要详细描述。

2. 针对育成期某一周(均匀度最低周)称重情况,计算均匀度,并详细写出分群及饲料调整计划。

【任务评价】

工作任务评价表

班级		学号		姓名	
企业(基地)名称		养殖场性质		岗位任务	育成期的饲养管理

一、评分标准

说明:考核共 5 项,总分 100 分;分值越高表明该项能力或表现越佳,综合评分为各项评分的综合。90 分以上优秀,75≤分数<90 良好,60≤分数<75 合格,60 分以下不合格。

续表

考核项目	考核标准	得分	考核项目	考核标准	得分
综合素质(55分)			专业技能(45分)		
专业知识(15分)	育成鸡转群的时间和要求,转群方法及注意事项;育成鸡均匀度控制原则,控制方法;育成鸡限制饲养操作方法及适用范围;育成鸡的管理要点。		育成鸡转群(10分)	转入舍进鸡前准备工作做的及时、充分;转群时操作熟练、准确;鸡群没有伤残;转入新舍后管理得当。	
工作表现(15分)	态度端正;团队协作精神强;质量安全意识强;记录填写规范正确;按时按质完成任务。		育成鸡均匀度调控(10分)	能准确抓鸡称重,称量准确;抽样具有代表性;均匀度计算准确;分群合理;能根据不同体重群调整喂料量,群体均匀度达到要求。	
学生互评(10分)	根据小组代表发言、小组学生讨论发言、小组学生答辩及小组间互评打分情况而定。		育成鸡限制饲养(5分)	限饲计划制订合理;限饲方案合理有效;限饲过程中鸡群均匀度达到标准。	
实施成果(15分)	能准确称量体重;均匀度计算正确;能根据体重情况合理分群和调群;转群时方法正确,转群后管理要点掌握良好;能准确调控禽舍环境条件。		育成鸡饲养管理(20分)	能正确及时调控舍内环境条件;能根据鸡群周龄及体重情况进行合理光照调控;日常管理及时、到位;注重防疫;鸡群健康状况好。	

综合分数:______分　　优秀(　)　　良好(　)　　合格(　)　　不合格(　)

二、综合考核评语

（该学生是否掌握了该岗位的专业知识、专业技能及掌握程度,能否通过该岗位技能考核）

老师签字:

日　　期:

说明:此表由校内教师或者企业指导教师填写。

工作任务三 产蛋期的饲养管理

【任务描述】

在充分了解产蛋期家禽特点的基础上，通过合适的饲养管理及环境调控，提高产蛋率，进一步提高经济效益。

【任务情境】

通过了解和掌握产蛋期家禽饲养管理要点，采用正确的饲喂方法，为产蛋禽提供合适的环境条件，做好日常管理，提高产蛋期的成活率、产蛋率，同时通过加强蛋品管理、饲料管理以提高生产经济效益。

【任务实施】

子任务一 产蛋鸡的饲养管理

一、产蛋鸡的环境条件要求

（1）温度控制标准 蛋鸡生产的最适宜温度为15～25℃。夏季注意做好防暑降温工作，冬季注意防寒。

（2）湿度控制标准 鸡舍的相对湿度控制在65%左右，注意防潮。

（3）通风换气标准 要求鸡舍内没有明显的刺鼻、刺眼等不舒适感。冬季低温情况下通风需要注意避免舍温大幅度下降，防止冷空气直接吹到鸡身上。

（4）光照控制标准 参照育成鸡群的光照时间增加方案，26周龄光照时间每天16 h并保持稳定。在鸡群淘汰前5周可以将每天的光照时间延长至17 h。每天开关灯的时间要相对固定。

二、产蛋鸡的饲养要点

(1)喂饲原则　产蛋前期(性成熟后至产蛋高峰结束)要促进采食,使鸡只每天能够摄入足够的营养,保证高产需要。产蛋后期适当控制喂饲,根据产蛋率变化情况将采食量控制为自由采食的90%～95%,以免造成母鸡过肥和饲料浪费。

(2)喂饲次数　产蛋期每天喂饲3次,每次添加的饲料量不超过料槽深度的1/3。第一次喂饲在早晨开灯后1 h内,最后一次在晚上关灯前3.5～4 h,中午喂饲1次。

(3)匀料　每次添加饲料时要尽量添加均匀,当鸡群采食20 min后用小木片将料槽内的饲料拨匀。对于饲料堆积的地方要注意观察鸡的精神状态、饮水是否缺乏以及笼具有无变形等。

三、产蛋前期的饲养管理

(1)适时转群　根据育成鸡的体重发育情况,在18～19周龄由育成鸡舍转入产蛋鸡舍。转群要求同工作任务二育成鸡转群要求。

(2)更换饲料　产蛋率达到5%时,将预产阶段饲料更换为产蛋初期饲料。

(3)监测体重增长　开产后体重的变化要符合要求,在产蛋率达到5%以后,至少每两周称重一次,体重过重或过轻都要设法弥补。

四、产蛋高峰期的饲养管理

(1)维持相对稳定的饲养环境　环境温度为13～25℃,鸡舍的相对湿度控制在65%左右。鸡舍要注意做好通风换气工作,保证氧气的供应,排除有害气体。产蛋期光照要维持16 h的恒定光照,不能随意增减光照时间,尤其是减少光照,每天要定时开灯、关灯,保证电力供应。

(2)更换饲料　当产蛋率上升到30%以后,要更换产蛋高峰期饲料。

(3)减少应激　在日常管理中,要坚持固定的工作程序,各种操作动作要轻,产蛋高峰期要尽量减少进出鸡舍的次数。开产前要做好疫苗接种和驱虫工作,高峰期不能进行这些工作。

(4)商品蛋的收集　每天收集3次,上午11时,下午2时、6时。减少蛋在鸡舍内的停留时间是保持鸡蛋质量的重要措施。

五、产蛋后期的饲养管理

1.更换饲料

59周龄时更换产蛋后期饲料。

2.淘汰低产鸡、停产鸡

(1)根据禽体结构和外貌特征进行鉴定　以鸡为例,其他禽类可根据其特点参照进行,见表6-3-1。

表6-3-1　高产鸡与低产鸡外貌和身体结构的差异

项目	高产鸡	低产鸡
头部	清秀、头顶宽,呈方形	粗大或狭窄
喙	短而宽,微弯曲	喙长而窄直,呈乌鸦嘴状
冠和肉垂	发育良好,细致,鲜红色	发育不良,粗糙,色暗
胸部	宽、深、向前突出,胸骨长直	窄、浅,胸骨短或弯曲
体躯	背部宽、直	背部短、窄或呈弓形
脚和趾	胫坚实,呈楞形,鳞片紧贴,两脚距间宽,趾平直	两脚距间小,趾过细或弯曲

(2)根据家禽生理表征的鉴定

①腹部容积　母禽消化系统和生殖系统的发育状况在腹部容积上有相应的反映,来区分产蛋性能的高低。见表6-3-2。

表 6-3-2　高产鸡与低产鸡腹部容积的差异

项目	高产鸡	低产鸡
胸骨末端与耻骨间距离	在 4 指以上	在 3 指以下
耻骨间距	相距 3 指以上	相距 2 指以下

②触摸品质　见表 6-3-3。

表 6-3-3　高产鸡与低产鸡触摸品质的差异

项目	高产鸡	低产鸡
冠、肉垂	细致，温暖	粗糙，冷凉
腹部	柔软，皮肤细致、有弹性，无腹脂硬块	皮肤粗糙，弹力差，过肥的鸡往往有腹脂硬块
耻骨	薄而有弹性	硬而厚，弹力差

(3)根据主翼羽的脱换情况进行鉴定　成年母鸡每年秋季换羽一次，换羽时生理变化强烈，一般在脱换主翼羽时停止产蛋。其规律是换羽早则换羽慢(同时脱换主翼羽数少)，停蛋时间长，是低产鸡。换羽迟则换羽快(同时脱换主翼羽多)，停蛋时间短，是高产鸡。

3. 加强卫生消毒

做好粪便清理和日常消毒工作。

六、产蛋鸡的日常管理要点

(1)观察鸡群状况　一般在喂料时观察鸡只的采食情况、精神状态(冠的颜色、大小，眼的神态等)、是否伏卧在笼底等。白天观察鸡只的呼吸状态、有无甩头情况，夜间关灯后细听鸡群有无异常的呼吸声音。检查有无啄肛、啄羽现象。凡有异常表现的，均应及时隔离并采取相应的处理措施。

(2)观察鸡群的粪便　正常的鸡粪为灰褐色，上面覆有一些灰白色的尿酸盐，偶有一些茶褐色枯粪为盲肠粪。若粪便发绿或发黄而且较稀，则说明有感染疾病的可能。夏天鸡喝水多，粪便较稀是正常现象，其他季节若粪便过稀则与消化不良、中毒或患某些疾病有关。

(3)观察水槽、料槽情况　检查水槽流水是否通畅、有无溢水现象，若是用乳头式饮水器则检查有无漏水或断水问题。检查料槽有无破损，槽内饲料分布是否均匀，槽底有无饲料结块。观察水槽、料槽的放置位置，是否会因笼具的横丝影响鸡的饮水、采食。

(4)检查舍内设备的完好情况　窗户是否有破损、是否能固定(打开或关闭后)；灯泡有无损坏、是否干净；风机运转时有无异常声音、百叶窗启闭是否灵活；笼网有无破损、是否有鸡只外逃或挂伤；蛋是否能顺利地从笼内滚到盛蛋网中、是否会从缝隙中掉下。

(5)产蛋情况检查　拣蛋时将破蛋、薄(软)壳蛋、双黄蛋单独放置，拣蛋后应及时清点蛋数并送往蛋库，不能在舍内过夜。拣蛋的同时应注意观察产蛋量、蛋壳颜色、蛋壳质地、蛋的形状和重量与以往有无明显变化。

(6)监控体重变化　产蛋鸡从开产到40周龄期间随着产蛋率的增长，体重也在逐渐增加。一般要求40周龄前每2周抽测1次体重，40周龄后每4周抽测1次。

(7)喂饲用具的消毒　水槽每日清洗消毒、料槽每周消毒1次。料车、料盆、加料斗保持干燥、清洁，并每周消毒1次。

(8)病死鸡的处理　从舍内挑出的病鸡、死鸡应放在指定处，最好是在鸡舍外用一个木箱，内盛生石灰，把死鸡放入后盖上盖子，当其他工作处理结束时请兽医诊断。病死鸡不允许乱放、乱埋，以减少场区内的污染源。一般可选择在粪便处理区内挖深坑掩埋病死鸡，每次填放死鸡的同时洒适量的消毒药物。

(9)消灭蚊蝇　舍内、外应定期喷药杀灭。

（10）定期清理粪便　采用机械清粪方式每天应清粪 2 次、人工清粪时每 2～4 d 清 1 次，清粪后要将舍内走道清扫干净。

（11）减少饲料浪费　保证饲料的全价营养；不使用发霉变质的饲料；料槽添料量不超过料槽深度的 1/3；饲料粉碎不能过细；及时淘汰停产、伤残鸡。

（12）每天填写鸡群管理记录　包括鸡群的变动，即存活、淘汰、死亡只数；产蛋总数及破蛋数；定量饲喂的鸡群每天应记录鸡群的采食量和饮水量；每天的温度和通风情况。光照时间发生变化也应做记录。

子任务二　产蛋鸭的饲养管理

一、产蛋鸭的环境条件要求

（1）温度控制标准　产蛋期最适宜温度是 13～20℃。要特别注意由天气骤变带来的影响，留心天气预报，及时做好准备工作。

（2）相对湿度控制标准　鸭舍内的相对湿度保持在 60%。要及时更换潮湿垫料；鸭舍内地面要高出舍外 15～25 cm；运动场地面应有 5°～15°坡度，运动场靠鸭舍处应略高、靠水面一侧略低；舍内供水系统不能有漏水情况；脏水不要倒入舍内；水槽或水盆其外面加设竹制或金属栅网以防鸭只跳入；鸭群在水中洗浴后让其在运动场上梳理羽毛和休息，待羽毛上的水蒸发干燥后再让其回到舍内。

（3）通风控制标准　冬季天气良好的时候，鸭群到舍外活动时进行通风换气；也可以在中午前后气温较高的时候打开门窗换气。冬季通风时，进气孔要有导风板，将进入舍内的冷空气导向上方，避免冷空气直吹鸭体，造成生产性能下降。

（4）光照控制标准　光照的增加从 17 周龄开始，每周的日光照时间增加 20 min 左右，大约经过 7 周时间，每天的光照时间达

16 h，保持不变。自然光照不足部分要人工补光，每天必须按时开灯和关灯。每 20 m^2 的鸭舍安装一盏 40 W 灯泡，且灯与灯之间的距离要相等，悬挂高度为 2 m，灯泡上面要加灯罩，要经常擦干净。

二、产蛋鸭的饮水供应

(1)水要足　圈养鸭不仅白天要供足水，晚上也不可缺水。鸭有夜间觅食的特性。在夜间，必须同样供足饮水，保证鸭只过夜不渴、不饿、不叫。

(2)水要净　每天至少应洗刷 2 次水盆，然后添加充足的新鲜清洁的饮水。

(3)水要深　圈养鸭的水槽(水盆)装置要深，能经常保持盛装 10～12 cm 深的水。

三、产蛋鸭体重的控制

体重变动是蛋鸭产蛋情况的晴雨表。一般开产鸭的体重要求，如绍鸭在 1 400～1 500 g 的占 85％以上。产蛋前鸭的饲料质量不必过好，也不能喂得过饱，但必须多供给青饲料以充肚。料槽、水槽要充足，不可断水。开产以后的饲料供给要根据产蛋率、蛋重增减情况作相应的调整，每月抽样称测蛋鸭体重 1 次，使之进入产蛋盛期的蛋鸭体重恒定在 1 450 g，以后稍有增加，至淘汰结束时不超过 1 500 g。在此期间体重如过多的增加或减少，必须及时查明纠正。

四、产蛋鸭日常管理要点

1. 随时观察掌握鸭群动态

重点观察鸭只的采食、粪便及产蛋情况。

(1)记录和分析每天采食量　一般产蛋鸭每天喂配合料

150 g 左右(不同品种和产蛋水平在个体间有较大差异),外加 50～150 g 青绿饲料。如果采食量减少,应分析原因,采取措施,要是连续 3 d 采食量减少,就会影响产蛋数。

(2)观察粪便　粪便的多少、形状、内容物、颜色、气味等都能反映饲养管理的水平,生产中要经常观察粪便,及时发现问题,解决问题。

(3)记录和分析产蛋情况　每天早上拣蛋时,留心观察鸭舍内产蛋窝的分布情况,鸭只每天产蛋量的多少有规律可循,每天产蛋的个数和蛋重要详细记录,绘成图表与标准对比,以便掌握鸭群的产蛋动向。另外,对鸭蛋的形状、大小、蛋壳厚薄等情况都要细致观察,发现问题,及时采取措施纠正。

2. 稳定饲养管理操作规程,减少各种应激因素

第一,操作规程和饲养环境尽量保持稳定,饲养人员要固定,不能经常更换。第二,舍内环境要保持安静,尽量避免异常响声,不许外人随便进出鸭舍,不使鸭群突然受惊,特别是刚开产时。如遇惊群,饲养人员应立即吆唤鸭群,使其尽快镇静下来。第三,饲喂次数和时间相对不变,突然改变饲喂次数或改变饲喂时间,对鸭群都是应激,均会导致产蛋量的下降。第四,产蛋期间要严格控制药物的使用,不随便使用对产蛋率有影响的药物,如喹乙醇等,也不注射疫苗和驱虫。

3. 做好鸭病防治

注意鸭舍清洁卫生,进鸭前用 2%烧碱、10%～20%石灰乳等消毒;保持鸭舍垫草舒适干燥,每月清理垫草 1 次;鸭舍内如气闷、臭味重,要及时打开门窗;料槽、水槽经常刷洗;对患病的鸭只及时挑出分开饲养和诊治;定期对鸭舍进行带鸭消毒工作。

鸭舍的带鸭消毒工作对产蛋鸭的健康十分重要。

(1)药物的选择。要选择刺激性小、毒性低、无腐蚀性的药物,生产中可以将几种化学性质不同的药物交替使用如百毒杀、

抗毒威、新洁尔灭、过氧乙酸等,以确保消毒的效果。

(2)消毒次数。要根据季节、气候以及周边疫情情况。一般每周2～4次,夏季略多些,冬季可酌情减少。当周边发生疫情时要加强消毒。

(3)喷雾消毒。雾滴要小(空气中悬浮时间长),喷嘴向上喷雾,不要直接对着鸭头喷,以免药液吸入呼吸道导致疾病的发生。

(4)要保证消毒的效果。要把药雾喷到所有能够喷到的地方,保证单位空间内消毒药物的喷施量。消毒的顺序为天棚、墙壁、鸭体、地面、贮料间及饲养员休息室。

(5)控制药液的用量。根据环境湿度调整药液量,防止室内湿度过度增加。

(6)注意操作的安全。

五、产蛋鸭的放牧管理

(1)春季放牧　选择好放牧场地提早放牧,春季的早晚气温还比较低,放牧应晚出早归,随天气变暖而逐渐延长时间。充分利用浅水沟渠、湖泊、水塘等场地,春耕开始后,水田里有很多的草子、草根和过冬的昆虫、蚯蚓、水族活食等,让鸭充分觅食这些水生动植物。每天放牧后,加以补饲。有风天气,应逆风而放。

(2)夏季放牧　由于夏季天气炎热,放牧鸭群时,上午要早出早归,下午要晚出晚归,但要在天黑前收牧歇息,清点鸭数。鸭群补饲时,早餐要早,晚餐要晚,还要适当地加喂鲜料以补充营养。在放牧过程中如果发现天气有变化的预兆要提前收牧。

(3)秋季放牧　秋季放牧要早出晚归,放牧时间应随气温下降而逐渐缩短。稻茬田是鸭群良好的放牧场地,尽量在刚收割后的稻田里放牧(这里的落谷、昆虫、水草都很丰富)。

(4)冬季放牧　此时期以舍饲为主、放牧为辅。一般不超过4 h,要晚出早归。水面冻结之后,要增加补饲的精料、鲜料和青绿饲料的数量，以保证产蛋的营养需要。

子任务三　产蛋鹅的饲养管理

一、产蛋鹅的环境条件要求

(1)温度控制标准　冬季是母鹅产蛋的季节，注意鹅舍的保温，舍内温度控制在 8～25℃，夜晚关闭鹅舍所有门窗，门上要挂棉门帘，北面的窗户要在冬季封死，舍内多加垫草，保持垫草干燥。

(2)相对湿度控制标准　鹅舍内相对湿度控制在 60%～70%，注意做好防潮处理。

(3)通风控制标准　天气晴朗时，注意打开门窗通风，可降低舍内有害气体含量，同时可降低舍内湿度。

(4)光照控制标准　开产期每天光照 13～14 h，以后每周延长 0.5～16 h，保持稳定。在秋、冬季光照时间不够时，可通过人工补充光照来完成光照控制。

二、产蛋鹅群管理要点

(1)产蛋棚的搭建　母鹅具有在固定位置产蛋的习惯，开产前提前搭建产蛋棚。产蛋棚内地面铺设软草做成产蛋窝。产蛋窝(箱)不可随意移动。

(2)母鹅的调教　调教母鹅在产蛋棚内产蛋，减少窝外蛋。发现有鹅在舍外产蛋时，应及时将鹅和蛋一起带回鹅舍，放在产蛋窝内作“引蛋”，以调教鹅群养成在舍内、窝内产蛋的习惯。

(3)放牧时间的调整　母鹅的产蛋时间多集中在凌晨至上午 9 时以前，因此每天上午放牧时间改在 9 时以后进行。放牧时如发现有不愿跟群、大声高叫，行动不安的母鹅，应及时赶回鹅棚产蛋。

(4)加强放牧、放水管理　产蛋期母鹅以舍饲为主,如需放牧,应就近放牧;放牧途中,应尽量缓行,不能追赶鹅群;鹅群要适当集中,不能过于分散。

鹅只上下水面时,鹅棚出入口处用竹竿稍加阻拦,避免离棚、下水时互相挤压践踏,保证按顺序下水和出棚。

(5)加强饲料供应　每只母鹅产蛋期间每天要获得 1～1.5 kg 青饲料,草地牧草不足时,应注意补饲,尤其在冬季和早春。

(6)及时收集鹅蛋　鹅产蛋多集中在下半夜至上午 8 点,上午 10 点前后,下午 4～5 点各拣一次蛋。

(7)认真做好生产记录　包括淘汰、死亡只数;产蛋总数、破蛋数、蛋重;饲料变动情况等。

【知识链接】

鸡的强制换羽技术

1. 强制换羽时间

商品蛋鸡一般在 350～450 日龄进行强制换羽。秋冬之交换羽效果最好。

2. 鸡群挑选

首先把病、弱、残及低产鸡淘汰;挑出已换或正在换羽的鸡,单独饲养;健康鸡群才能实施强制换羽。

3. 免疫接种

在强制换羽措施实施前 1 周,对鸡群接种新城疫灭活疫苗。

4. 称重

在舍内抽测 50 只左右的鸡称重,并记录。

5. 强制换羽方法

饥饿法:停水 2 d,夏天停 1 d,同时停料。在开始前 2～3 d,

每天给鸡喂1次石粉或贝壳粉，每次每只按3～4 g投喂，以防产软壳蛋。第3天起，恢复给水，随季节不同，断7～12 d料，冬天可短一些，至鸡体重下降30%时停止断料，鸡群进入恢复期。

6. 恢复期喂料要求

初始两周可用青年鸡饲料，另补充复合维生素及微量元素，此后两周使用育产期饲料，之后换用产蛋期饲料。

在恢复期第1天的喂料量，按每只鸡每天20 g，此后每天每只鸡递增15 g，直至达到自由采食。喂饲期间应保证饮水的充足供应。

光照时间从恢复喂料时开始逐渐增加，约经6周的时间，恢复为每天16 h，以后保持稳定。

换羽期注意鸡群的死亡，第1周死亡率不能超过1%，前10 d不能超过1.5%，前5周不能超过2.5%，8周死亡率不能超过3%。必要时调整方案甚至终止方案。

【提交作业】

1. 根据生产实际情况，编写产蛋禽饲养管理规程。要求时间、顺序安排合理，能正确反应产蛋禽生产规律。

2. 每组分别对产蛋禽群进行高低产蛋禽的鉴别，要求能说出鉴别依据，鉴别准确率高。

【任务评价】

工作任务评价表

班级		学号		姓名	
企业(基地)名称		养殖场性质		岗位任务	产蛋期的饲养管理

一、评分标准

说明：考核共5项，总分100分；分值越高表明该项能力或表现越佳，综合评分为各项评分的综合。90分以上优秀，75≤分数<90良好，60≤分数<75合格，60分以下不合格。

续表

考核项目	考核标准	得分	考核项目	考核标准	得分
综合素质(55分)			专业技能(45分)		
专业知识(15分)	产蛋禽对环境条件的要求;产蛋禽的饲养要点;产蛋禽的日管理要点;高低产蛋禽的鉴别技术。		禽舍环境调控(10分)	在不同饲养环境及饲养方式下,能合理调控产蛋禽舍环境条件。	
工作表现(15分)	态度端正;团队协作精神强;质量安全意识强;记录填写规范正确;按时按质完成任务。		禽舍日常管理(20分)	根据不同禽群、不同饲养方式和饲养条件,做好日常管理工作,能及时发现禽舍内存在问题并采取有效的解决方法。	
学生互评(10分)	根据小组代表发言、小组学生讨论发言、小组学生答辩及小组间互评打分情况而定。		高低产蛋鸡的鉴别(10分)	能及时找出禽舍内低产鸡和停产鸡,方法合理,操作规范。	
实施成果(15分)	针对饲养条件,能设计制作出合理的操作规程;环境调控适宜;日常管理到位,能及时发现生产中存在的问题并采取有效的解决方法;蛋禽生产成绩高。		禽舍的卫生防疫(5分)	掌握禽舍卫生防疫操作规范,能准确实施。	

综合分数:______分　　优秀(　)　　良好(　)　　合格(　)　　不合格(　)

二、综合考核评语

（该学生是否掌握了该岗位的专业知识、专业技能及掌握程度,能否通过该岗位技能考核）

老师签字:

日　　期:

说明:此表由校内教师或者企业指导教师填写。

工作任务四　蛋的收集与运输

【任务描述】

由于禽蛋易碎、难管理的实际情况，从蛋的收集及运输环节，介绍生产中如何进行蛋品管理，提高蛋品质量，以进一步提高生产经济效益。

【任务情境】

掌握养禽场对蛋品收集时间、方法的要求；掌握养禽场蛋品分级要点；加强蛋品运输过程管理，实施有效的收集、包装和运输方法，以减少蛋品损失，提高经济效益。

【任务实施】

一、蛋的收集与分级

(一)蛋鸡场集蛋要求

1. 集蛋前准备工作

集蛋箱和蛋托每次使用前要消毒；工作人员集蛋前须洗手消毒；存蛋室内保持干净卫生，定期用福尔马林熏蒸消毒。

2. 集蛋时间

商品蛋鸡场每天应拣蛋 3 次，每天上午 11 时，下午 2 时、6 时拣蛋。拣蛋后应及时清点蛋数并送往蛋库，不能在舍内过夜。

3. 集蛋要求

集蛋时将破蛋、软蛋、特大蛋、特小蛋单独存放，不作为鲜蛋销售，可用于蛋品加工；双黄蛋在市场上能够以较高的价格销售，可以作为专门的特色鸡蛋出售；蛋壳表面沾染有较多粪便的鸡蛋要单独处理后再及时出售或食用。鸡蛋收集后立即用福尔马林熏蒸消毒,消毒后送蛋库保存。要求蛋壳清洁、无破损,蛋壳表面光滑有光泽,蛋形正常,蛋壳颜色符合品种特征。

4. 蛋品质观察

拣蛋的同时应注意观察产蛋量、蛋壳颜色、蛋壳质地、蛋的形状和重量与以往有无明显变化。产蛋初期产蛋率上升快、蛋重增加较快,在产蛋高峰期如果产蛋率明显下降、蛋壳颜色变浅等问题出现则属于非正常现象,常常是由于鸡群健康问题或饲料质量问题、生产管理问题造成的,要及时解决。

5. 鲜鸡蛋分级

中华人民共和国国内贸易行业标准(SB/T 10638—2011)中规定了鲜鸡蛋、鲜鸭蛋分级标准。

(1)鲜鸡蛋、鲜鸭蛋品质分级要求　见表 6-4-1。

表 6-4-1　鲜鸡蛋、鲜鸭蛋品质分级要求

项目	指标		
	AA 级	A 级	B 级
蛋壳	清洁、完整,呈规则卵圆形,具有蛋壳固有的色泽,表面无肉眼可见污物		
蛋白	黏稠、透明,浓蛋白、稀蛋白清晰可辨	较黏稠、透明,浓蛋白、稀蛋白清晰可辨	黏稠、透明
蛋黄	居中,轮廓清晰,胚胎未发育	居中或稍偏,轮廓清晰,胚胎未发育	居中或稍偏,轮廓清晰,胚胎未发育
异物		蛋内容物中无血斑、肉斑等异物	
哈夫单位	≥72	≥60	≥55

(2)鲜鸡蛋重量分级要求　分级的鸡蛋根据重量分为 XL、L、M 和 S 4 个级别,重量分级要求见表 6-4-2。

表 6-4-2 鲜鸡蛋重量分级要求

级别		单枚鸡蛋蛋重范围/g	每 100 枚鸡蛋最低蛋重/kg
XL		≥68	≥6.9
L	L(+)	≥63 且<68	≥6.4
	L(−)	≥58 且<63	≥5.9
M	M(+)	≥53 且<58	≥5.4
	M(−)	≥48 且<53	≥4.9
S	S(+)	≥43 且<48	≥4.4
	S(−)	<43	—

注:在分级过程中生产企业可根据技术水平将 L、M 进一步分为"+"、"−"两种级别。

(二)蛋鸭场集蛋要求

1. 鸭蛋的收集

鸭为夜间产蛋,母鸭产蛋时间多集中在 3～5 时,早晨开灯后,进入鸭舍第一次收蛋。10 时再次进入鸭舍,第二次收蛋。每天及时收集鸭蛋,不让鸭蛋受潮、受晒、被粪便污染,尽快进行熏蒸消毒。蛋在垫草上放置的时间越长所受的污染越严重,破损率也将明显提高。冬季要防止鸭蛋受冻。

收集种蛋时,要仔细地检查垫草下面是否埋有鸭蛋;对于伏卧在垫草上的鸭要赶起来,看其身下是否有鸭蛋。放牧时要防止鸭产野外蛋,避免蛋的丢失。

2. 保证蛋壳清洁

由于蛋鸭为群养,一般不设置产蛋箱,蛋直接产在垫草或地上,所以蛋壳脏污率较高。蛋壳受污染的鸭蛋水洗后不能存放,只能立即用于孵化或食用。如果不清洗也不能长期存放,否则微生物会通过气孔进入蛋壳内,污染蛋的内容物。

生产中要注意保持鸭舍内的干燥卫生,鸭舍内的垫草应及时更换和翻晒。保持产蛋窝内的垫草干燥、柔软,定期更换产蛋窝内的垫草。

3.鸭蛋的分级

中华人民共和国国内贸易行业标准(SB/T 10638—2011)中规定了鲜鸡蛋、鲜鸭蛋分级标准。

(1)鲜鸭蛋品质分级要求 见表6-4-1。

(2)鲜鸭蛋重量分级要求 分级的鸭蛋根据重量分为XXL、XL、L、M和S 5个级别,重量分级要求见表6-4-3。

表6-4-3 鲜鸭蛋重量分级要求

级别	单枚鸭蛋蛋重范围/g	每100枚鸭蛋最低蛋重/kg
XXL	≥85	≥8.6
XL	≥75且<85	≥7.6
L	≥65且<75	≥6.6
M	≥55且<65	≥5.6
S	<55	—

(三)鹅场集蛋要求

(1)鹅蛋的收集 与鸭和鸡相比,鹅的产蛋时间相对比较分散,上、下午都有产蛋,而且有的鹅在窝内产蛋的习惯性不强,会把蛋产在运动场或舍内地面,甚至在放牧的途中。鹅蛋要及时收集,否则会影响到蛋质量,因此,上、下午各需要拣蛋2次。不同鹅群所产的蛋要分开放置。

(2)保证蛋壳的清洁 鹅蛋蛋壳表面的清洁度对鹅蛋的质量影响很大,应该设法保持蛋壳的清洁。其主要措施一是合理设置产蛋窝、减少窝外蛋,在鹅舍内沿墙壁处用砖头砌宽度100 cm、高度30 cm的产蛋槽,运动场靠两侧搭设产蛋棚,棚下用砖头砌宽70 cm、长100 cm、深30 cm的产蛋窝若干个,内铺设厚度约10 cm干燥柔软的垫草吸引鹅在窝内产蛋;二是保持鹅舍内地面的干燥，要注意适当通风、及时更换或加铺垫草，尤其是产蛋槽内的垫草必须定期更换，饮水设备的位置要固定并能够防止鹅踏入其中。

(3)鹅蛋的合理保存　冬季是鹅的重要产蛋季节，但是，外界的低温对于鹅蛋质量的保持是非常不利的，尤其是在温度低于3℃的条件下会明显影响孵化效果。防止鹅蛋受冻一是要及时捡蛋，二是将收集后的鹅蛋存放在适宜的环境条件下，一般要求温度在10～20℃。

二、鲜蛋的包装与运输

1.鲜蛋的包装

鲜蛋销售过程中包装有两种形式，一种为直接运至销售地，散装销售；另一种为带包装箱销售。无论哪一种包装形式，要求包装物具有一定的防震作用。包装要干净卫生，不能污染禽蛋。根据是否便于销售与消费以及包装成本等来合理地确定包装的材料与大小。

(1)直接销售情况　可用塑料蛋筐或蛋盘，将鲜蛋直接码放在蛋筐中。为便于搬动，一个包装单位的重量一般不超过40 kg。蛋筐或蛋盘每次使用前要进行消毒处理。适用于运输距离较近的情况。

(2)用聚乙烯或聚苯乙烯塑料盒包装　这样包装的鲜蛋已开始在大城市出现，其具有有利于在超市销售，重量、厂家、生产日期等明确，有利于品牌的树立。有利于防止假冒，促进功能性蛋制品(如高碘蛋、高锌蛋等)的开发的作用。也有用分格的纸盒包装，1排6枚，2排共12枚，外层再覆包以一层聚乙烯塑料薄膜，使内容物清晰可见。

(3)专用纸箱　根据产品特点，设计制作具有精美外观的包装箱，内加纸制(或塑料)蛋托，每枚蛋以大头向上放置在蛋箱内。

蛋箱上要有醒目名称、产品标识、生产厂家等基本信息。多配有注册商标，以品牌形式销售。这种包装多用在一些特殊蛋品（如土鸡蛋、绿壳蛋等）销售中。在超市或大型集贸市销售。

(4)出口鲜蛋包装　出口鲜蛋多用硬纸箱包装，按等级规格化。一级蛋，每层装蛋 30 枚，全箱 10 层，共装 360 枚；二级蛋，每层 49 枚，全箱 12 层，共装 588 枚；三级蛋，每层 49 枚，全箱 14 层，共装 636 枚。

2. 鲜蛋运输

根据销售量准备运输车辆，要求运输车辆大小合适。每次收蛋应提前联系好货源，确保在最短时间内装满车，以减少运输成本。运输过程中要选择最近且平稳的运行路线，运输过程不得有剧烈振荡，减少蛋的破损。在夏季运输时，要有遮阴和防雨设备；冬季运输应注意保温，以防受冻。长距离运输最好空运，有条件可用空调车，温度为 12～16℃，相对湿度 75％～80％。

鲜蛋保质期短，且多数蛋品出厂时未进行处理，要注意鲜蛋的保质期。

【知识链接】

鲜蛋上市加工处理工艺流程

集蛋—照检—清洗消毒—干燥涂膜—打码—包装—恒温。

目前，国内许多大型养殖场，已购进并使用了禽蛋自动清洗包装机。实现了禽蛋的自动清洗、保鲜、分级和包装，并且采用自动打码（或喷码）技术，使消费者了解每个鲜蛋的生产时间、商标、分级情况等质量指标，可实现按质论价，这样既可提高生产者的收益，又确保消费者的消费质量和消费利益。

1. 集蛋

采用气吸式集蛋和传输设备可做到无破损的完成集蛋和传输工序。见图 6-4-1。

图 6-4-1　气吸式集蛋装置

2. 照检

是为了除去破裂的、有血迹的以及不卫生的禽蛋。我国和世界各国在鲜蛋销售、蛋品加工时普遍采用光照鉴定法。在灯光透视下，可观察蛋壳、气室高度、蛋白、蛋黄、系带和胚胎状况，鉴别蛋的品质，做出综合评定。见图 6-4-2。

图 6-4-2　光波照检

3. 清洗消毒

是为了清除蛋壳上的粪便、血渍和细菌。在国外，对清洗和消毒的水温是有明确要求的，用水为消毒水，温度在 40～50℃，洗后微生物、大肠杆菌、沙门氏菌、白痢菌等指标应符合相关标准要求。

4. 干燥涂膜

使用干燥上膜机，可实现风干并静电均匀上膜保鲜。表面涂膜也常用聚乙烯醇涂膜、液体石蜡涂膜、凡士林涂膜等。

5. 打码

打码（或喷码）机，在每个蛋体或包装盒上无害化贴签或喷码标识（包括分类、商标和生产期）。见图 6-4-3。

图 6-4-3　自动喷码

6. 包装

分级包装机，使禽蛋大端部指向同一方向，使包装后蛋的大头向上。

【提交作业】

1. 根据本场实际生产条件、鸡群产蛋情况，制订本场蛋品收集和分级标准。

2. 分析本场蛋品包装及运输情况，指出优缺点。

【任务评价】

工作任务评价表

班级		学号		姓名	
企业(基地)名称		养殖场性质		岗位任务	蛋的收集与运输

一、评分标准

说明：考核共5项，总分100分；分值越高表明该项能力或表现越佳，综合评分为各项评分的综合。90分以上优秀，75≤分数<90良好，60≤分数<75合格，60分以下不合格。

考核项目	考核标准	得分	考核项目	考核标准	得分
综合素质(55分)			专业技能(45分)		
专业知识(15分)	鲜蛋收集标准和要求；鲜蛋包装与运输要点。		蛋的收集(10分)	在不同饲养环境及饲养方式下，能正确及时地收集蛋品。	
工作表现(15分)	态度端正；团队协作精神强；质量安全意识强；记录填写规范正确；按时按质完成任务。		蛋的分级(20分)	根据不同禽群、不同饲养方式和饲养条件，做好蛋的分级，分级符合要求。	
学生互评(10分)	根据小组代表发言、小组学生讨论发言、小组学生答辩及小组间互评打分情况而定。		蛋的包装(10分)	能按照厂内要求以及蛋品销售渠道进行蛋品包装，包装质量合格。	
实施成果(15分)	能按时收集蛋品；蛋品分级合理；不合格蛋能准确挑出；能按要求包装。		蛋的运输(5分)	掌握蛋品装车运输具体要求，能按要求规范操作。	

综合分数：______分　　优秀(　)　　良好(　)　　合格(　)　　不合格(　)

二、综合考核评语

(该学生是否掌握了该岗位的专业知识、专业技能及掌握程度，能否通过该岗位技能考核)

老师签字：

日　　期：

说明：此表由校内教师或者企业指导教师填写。

工作任务五 蛋禽的生产指标及报表

【任务描述】

了解衡量蛋禽生产性能的指标及计算方法,针对不同品种,计算并衡量蛋禽的总体生产性能。合理设计制作蛋禽日常生产记录,认真填写,以便及时了解生产和指导生产。

【任务情境】

掌握蛋禽生产中不同生产阶段蛋禽饲养特点和生产中重点应注意的问题,设计制作合理有效的生产记录表,要求表格能动态反映日常生产状况。方便生产者及时发现生产中存在问题,可以及时采取相应措施。在生产过程中以及生产结束时,对蛋禽生产性能进行衡量,分析生产情况,总结生产经验。

【任务实施】

一、蛋禽生产性能的评定

(一)生长发育性能

1.体重

(1)初生重　雏禽出生后 24 h 内的重量,以克为单位,随机抽取 50 只以上,个体称重后计算平均值。

(2)活重　鸡断食 12 h,鸭、鹅断食 6 h 的重量,以克为单位。

2.日绝对生长量和相对生长率

日绝对生长量$=(W_1-W_0)/t_1-t_0$

相对生长率$=(W_1-W_0)/W_0\times100\%$

式中:W_1—前一次测定的重量或长度;W_0—后一次测定的重量或

长度；t_0—前一次测定日龄；t_1—后一次测定日龄。

(二)产蛋性能

(1)开产日龄　个体开产日龄为个体产第一枚蛋时间；群体开产日龄为群体产蛋率首次达到或超过50%时间；肉种鸡，肉种鸭、鹅开产日龄为产蛋率5%的时间。

(2)平均蛋重　个体记录群每只母禽连续称3个以上的蛋重，求平均值；群体记录连续称3 d产蛋总重，求平均值；大型禽场按日产蛋量的2%以上称蛋重，求平均值，以克为单位。

(3)总蛋重

总蛋重(kg)＝平均蛋重(g)×平均产蛋量/1 000

(4)入舍母禽产蛋数

入舍母禽产蛋数(个)＝统计期内总产蛋数/入舍母禽数

国外普遍使用入舍母禽产蛋数考核鸡场的饲养管理水平。母鸡死亡、淘汰率越低，产蛋率越高，入舍母鸡产蛋数就越高。例如，海兰褐72周入舍，鸡产蛋量315枚，80周为355枚。

(5)入舍母禽产蛋率

入舍母禽产蛋率＝统计期内的总产蛋数/入舍母禽数×统计日数×100%

(6)母禽饲养日产蛋数

母禽饲养日产蛋数(个)＝统计期内的总产蛋数/平均日饲养母禽只数

例如，海兰褐72周饲养日产蛋量320枚，80周为361枚。

(7)母禽饲养日产蛋率

母禽饲养日产蛋率＝统计期内的总产蛋数/实际饲养母禽只数的累加×100%

(8)产蛋率　某一天产蛋个数除以存栏数，为当日鸡群的产蛋率。反映的是在某天或某个阶段，一个鸡群的产蛋性能表现。

(9)料蛋比

料蛋比＝统计期内总耗料量(kg)/统计期内产蛋总重(kg)

料蛋比反映饲料利用效率。

(10)产蛋期末存活率

产蛋期末存活率＝产蛋期末存活禽数/入舍母禽数量

(11)就巢性　统计有无及比例。

(三)蛋品质

在44周龄测定蛋重的同时,进行下列指标的测定。测定应在产出后24 h内进行,每项指标测定蛋数不少于30个。

(1)蛋形指数　用游标卡尺测量蛋的纵径和横径。以毫米为单位,精确度0.1 mm。蛋形指数＝纵径/横径。

(2)蛋壳强度　将蛋垂直放在蛋壳强度测定仪上,钝端向上,测定蛋壳表面单位面积上承受的压力,单位为千克每平方厘米。

(3)蛋壳厚度　用蛋壳厚度测定仪测定,分别取钝端、中部、锐端的蛋壳剔除内壳膜后,分别测量厚度,求其平均值。以毫米为单位,精确到0.01 mm。

(4)蛋的比重　用盐水漂浮法测定。测定蛋比重溶液的配制与分级:在1 000 mL水中加NaCl 68 g,定为0级,以后每增加一级,累加NaCl 4 g,然后用比重计对所配溶液校正。蛋的级别比重分级见表6-5-1。从0级开始,将蛋逐级放入配制好的盐水中,漂上来的最小盐水比重级为该蛋的级别。

表6-5-1　蛋比重分级

级别	0	1	2	3	4	5	6	7	8
比重	1.068	1.070	1.075	1.080	1.084	1.088	1.092	1.096	1.100

(5)蛋黄色泽　按罗氏(Roche)蛋黄比色扇的蛋黄色泽等级对比分级。

(6)蛋壳色泽　以白色、浅褐色(粉色)、褐色、深褐色、青(绿)色等表示。

(7)哈氏单位　取产出24 h内的蛋,称蛋重。测量破壳后蛋黄边缘与浓蛋白边缘中点的浓蛋白高度(避开系带),测量呈正三角形的3个点,取平均值。

$$哈氏单位=100 \cdot \lg(H-1.7W^{0.37}+7.57)$$

式中:H—以mm为单位测量的浓蛋白高度值;W—以g为单位测量的蛋重值。

(8)血斑和肉斑率　统计含有血斑和肉斑蛋的百分比,测定数不少于100个。

血斑和肉斑率=带血斑和肉斑蛋数/测定总蛋数×100%

(9)蛋黄比率

蛋黄比率=蛋黄重/蛋重×100%

二、蛋禽生产记录的报表

在育雏与育成、产蛋阶段做好充分记录是鸡场管理的必要组成部分。仔细记录可告诉饲养者过去已经发生的事情并帮助和指导饲养者今后生产和规划。详细的记录包括下列内容:雏鸡品种、来源以及进鸡时间和数量;鸡群的免疫程序和投药计划;育雏、育成、产蛋期鸡群的死亡数、淘汰数;产蛋期每日产蛋量,包括正常蛋、畸形蛋、破损蛋;鸡场每周和每日的饲料消耗量;每周抽样的平均体重;销售的产品的重量和只数;产蛋期每日详细的光照时间,包括早晚开灯、关灯时间;育雏、育成、产蛋期间所用的饲喂方案。

(1)育雏期日常生产记录　见表6-5-2。

表 6-5-2 育雏期日常生产记录表

鸡舍编号______ 进鸡日期______ 入舍鸡数______ 品种______ 来源______

批次______ 饲养员______

日期	日龄	周龄	存栏数/只	鸡群变动		体重/g	饲料消耗/kg		温度/℃		免疫用药情况	备注
				死亡数/只	淘汰数/只		均耗料	总耗料	室温	鸡体周围温度		
小计												

(2)免疫、用药情况记录 见表 6-5-3。

表 6-5-3 免疫、用药情况记录表

舍号______ 品种______ 来源______ 进鸡日期______ 负责人______

日期	日龄	周龄	疫苗使用记录						药物使用记录						备注
			疫苗名称	生产厂家	生产日期	保质期	用量	用法	药品名称	生产厂家	生产日期	保质期	用量	用法	

(3)育成期日常生产记录 见表 6-5-4。

表 6-5-4 育成期日常生产记录表

鸡舍编号______ 进鸡日期______ 入舍鸡数______ 品种______ 来源______

批次______ 饲养员______

日期	日龄	周龄	存栏数/只	鸡群变动		体重/g		饲料/kg		免疫用药情况	备注
				死亡数/只	淘汰数/只	体重	总重	均耗料	总耗料		
小计											

(4)产蛋期日常生产记录　见表 6-5-5。

表 6-5-5 产蛋期日常生产记录表

鸡舍编号______ 进鸡日期______ 入舍鸡数______ 品种______ 来源______

批次______ 饲养员______

日期		周龄	日龄/d	存栏鸡数/只	死亡鸡数/只	淘汰鸡数/只	产蛋数/枚	破蛋数/枚	产蛋量/枚	日产蛋率/%	平均蛋重/g	饲料消耗/kg	均消耗/g	平均体重/g	备注
月	日														
小计															

(5)消毒记录　见表6-5-6。

表6-5-6　消毒记录表

时间	消毒物品名称	消毒药品					开始时间	结束时间	备注	操作员
		药品名称	生产厂家	生产日期	保质期	用法与用量				

(6)死鸡处理记录　见表6-5-7。

表6-5-7　死鸡处理记录表

处理时间	死鸡来源	死亡原因	数量	处理方法	操作员	负责人	备注

【知识链接】

罗曼褐商品代蛋鸡产蛋性能

表 6-5-8 罗曼褐商品代蛋鸡产蛋性能

周龄	存栏鸡产蛋率/%	入舍鸡累计产蛋数/个	平均蛋重/g	入舍鸡累计产蛋重/kg
19	10.0	0.7	44.3	0.03
20	26.0	2.5	46.8	0.12
21	44.0	5.6	49.3	0.27
22	59.1	9.7	51.7	0.48
23	72.1	14.8	53.9	0.75
24	85.2	20.7	55.7	1.08
25	90.3	27.0	57.0	1.44
26	91.8	33.4	58.0	1.82
27	92.4	39.9	58.8	2.19
28	92.9	46.3	59.5	2.58
29	93.5	52.9	60.1	2.97
30	93.5	59.4	60.5	3.36
31	93.5	65.8	60.8	3.76
32	93.4	72.3	61.1	4.15
33	93.3	78.8	61.4	4.55
34	93.2	85.3	61.7	4.95
35	93.1	91.7	62.0	5.35
36	93.0	98.2	62.3	5.75
37	92.8	104.6	62.3	6.15
38	92.6	111.0	62.6	6.55
39	92.4	117.3	62.8	6.95
40	92.2	123.7	63.0	7.35
41	92.0	130.0	63.2	7.55
42	91.6	136.3	63.4	8.15
43	91.3	142.6	63.6	8.55
44	90.9	148.8	63.8	8.95

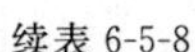

续表 6-5-8

周龄	存栏鸡产蛋率/%	入舍鸡累计产蛋数/个	平均蛋重/g	入舍鸡累计产蛋重/kg
45	90.5	155.0	64.0	9.35
46	90.1	161.2	64.2	9.74
47	89.6	167.3	64.4	10.14
48	89.0	173.4	64.6	10.53
49	88.5	179.4	64.8	10.92
50	88.0	185.4	64.9	11.31
51	87.6	191.4	65.0	11.70
52	87.0	197.3	65.1	12.08
53	86.4	203.2	65.2	12.46
54	85.8	209.0	65.3	12.84
55	85.2	214.7	65.4	13.22
56	84.6	220.4	65.5	13.59
57	84.0	226.1	65.6	13.97
58	83.4	231.7	65.7	14.33
59	82.8	237.3	65.8	14.70
60	82.2	242.8	65.9	15.06
61	81.5	248.3	66.0	15.42
62	80.8	253.7	66.1	15.78
63	80.1	259.0	66.2	16.14
64	79.4	264.3	66.3	16.49
65	78.7	269.5	66.4	16.83
66	77.9	274.7	66.5	17.18
67	77.2	279.8	66.6	17.52
68	76.5	284.9	66.7	17.86
69	75.7	289.9	66.8	18.19
70	74.8	294.9	66.9	18.52

【提交作业】

1. 提交本人所在岗位生产记录表,并对记录内容进行分析。

2. 进行蛋禽生产性能指标的测定,并对结果进行分析。

【任务评价】

工作任务评价表

班 级		学 号		姓 名	
企业(基地)名称		养殖场性 质		岗位任务	蛋禽的生产指标及报表

一、评分标准

说明:考核共5项,总分100分;分值越高表明该项能力或表现越佳,综合评分为各项评分的综合。90分以上优秀,75≤分数<90良好,60≤分数<75合格,60分以下不合格。

考核项目	考核标准	得分	考核项目	考核标准	得分
综合素质(55分)			专业技能(45分)		
专业知识(15分)	蛋禽的产蛋规律;生产性能衡量指标;不同生产阶段生产记录表的编制与填写要求。		生产记录表格的编制与填写(10分)	根据本场实际生产情况,编写适用的生产记录表;能按时准确填写。	
工作表现(15分)	态度端正;团队协作精神强;质量安全意识强;记录填写规范正确;按时按质完成任务。		生产性能的计算(10分)	根据生产实际情况,及时准确计算并记录生产性能。	
学生互评(10分)	根据小组代表发言、小组学生讨论发言、小组学生答辩及小组间互评打分情况而定。		蛋禽生产性能衡量(20分)	能根据生产记录及生产性能指标的计算,正确的分析蛋禽生产性能高低,制订相应改进措施。	
实施成果(15分)	能准确编写和使用禽场各种生产记录;能正确及时填写报表;对于相应生产数据能准确分析;掌握蛋禽生产性能衡量指标计算方法并能客观分析。		蛋禽体重及体尺测量(5分)	能准确测定蛋禽体重及相关体尺指标。	

综合分数:______分　优秀(　)　良好(　)　合格(　)　不合格(　)

二、综合考核评语

(该学生是否掌握了该岗位的专业知识、专业技能及掌握程度,能否通过该岗位技能考核)

老师签字:

日　　期:

说明:此表由校内教师或者企业指导教师填写。

项目七

肉禽饲养管理岗位技术

岗位能力

使学生具备饲养管理不同阶段、不同类型的肉禽，能采取不同的方法进行肉禽的育肥管理，熟练进行肉禽的屠宰操作等岗位能力。

实训目标

能科学的饲养和管理不同阶段的肉仔鸡、肉鸭、肉鹅，熟知各个环节饲养要点，提高标准化养殖效率，降低疫病的发生；能正确进行肉禽的育肥管理，缩短育肥期，提高饲料转化率，提高经济效益；使学生能掌握肉禽宰前的准备工作，熟知屠宰步骤和屠宰测定项目，了解家禽的内脏器官结构特点和肉品质的评价标准。

工作任务一　肉禽的饲养制度

【任务描述】

肉禽产品是直接关系到民生的"菜篮子"工程，好的饲养制度则可以获得较高的经济效益，因此要掌握好肉仔鸡、肉鸭、肉鹅不同阶段的饲养管理要点。

【任务情境】

熟知肉禽的生产特点，对不同类型的肉仔鸡、肉鸭、肉鹅能科学的饲养和管理，熟知育雏、育成、育肥各个环节饲养管理要点，提高养殖效益，降低疫病的发生。

【任务实施】

一、肉仔鸡的饲养管理

肉仔鸡生长速度快，肉质细嫩，味美，耗料少，成活率高，经济效益好。

（一）肉仔鸡的生产特点

1. 早期生长速度快、饲料利用率高

快大型肉仔鸡生长速度快，特别是饲养后期：肉仔鸡出壳时体重一般为 40 g 左右，6 周龄 1 800 g、7 周龄可达 2 000 g 以上，为出生重的 50 多倍。快大型肉仔鸡饲料利用率也很高，在一般的饲养管理条件下，饲料转化率可达 1.8∶1。

2. 饲养密度大，周期短，设备利用率高

肉仔鸡一般厚垫料平养，出栏时可达 10～13 只/m^2，高弹塑料网上平养的密度可以更大一些可达 13～15 只/m^2。10 周就可饲养一批肉仔鸡，一年可以饲养 5～6 批。因此肉仔鸡具有饲养周期短，生产周转快，房舍和设备的利用率高的特点。

3. 肉质好，味鲜美

肉仔鸡肉质细嫩，放在沸水中煮5～8 min即可食用。且蛋白质含量高，脂肪沉积适度，肉质鲜美。

4. 适于集约化生产，经济效益好

肉用仔鸡适于规模化生产，机械化饲养。平面散养、人工上料、自动上水，一个劳力可以管理7 000～10 000只，全年可以饲养40 000～50 000只，每只可盈利1元左右，其经济效益是饲养其他家畜不可比拟的。

5. 易发生营养代谢疾病

由于肉仔鸡早期肌肉生长速度快，而骨组织和心肺发育相对迟缓，因此易发生腿部疾患、腹水症、胸囊肿和猝死症等营养代谢病，这对肉用仔鸡的商品价值和等级，造成了一定的经济损失。

(二)肉仔鸡的饲养

1. 肉仔鸡的饲养方式

(1)厚垫料地面平养　一般在鸡舍地面上铺设5～10 cm厚的垫料，随着鸡只日龄增加不断地添加新垫料，使厚度达到15～20 cm。常用的垫料有玉米秸、稻草、刨花、锯末、稻壳等。肉鸡出售后，应将垫料与粪便一次性彻底清除。

(2)弹性塑料网上平养　弹性塑料网上平养是在用钢筋支撑的离地50～60 cm的金属地板网床上铺一层弹性塑料方眼网。这种网柔软有弹性能降低胸囊肿及腿部疾病的发生。

(3)笼养　笼养可提高单位空间的利用率，增加饲养密度，便于公母分群饲养，实行科学的管理，加快增重速度。但笼养一次性投入大，鸡胸囊肿和腿病较为严重，商品合格率低。

2. 环境控制

(1)温度　雏鸡开始育雏时保温伞边缘离地面5 cm处的温度以35℃为宜，第2周龄起伞温每周下降2～3℃，冬天降幅小些，夏天降幅大些，至第5周降至21～24℃为止，以后保持这一温度。

(2)湿度　在适宜的温度范围内，育雏前两周保持60%～70%的稍高湿度；2周后，保持湿度在50%～60%。

(3)光照　肉仔鸡的光照有连续、间歇和混合光照几种方法。连续光照即在进雏后的前2 d，每天光照24 h，从第3天开始实行23 h光照，夜晚停止照明1 h，以防停电鸡群发生应激。间歇光照：指光照和黑暗交替进行，如全天施行1 h光照、3 h黑暗交替。混合光照是将连续光照和间歇光照混合使用。

肉仔鸡一般采用弱光照制度。对于有窗或开放式鸡舍，要采用各种挡光的方式遮黑；对于密闭式鸡舍，应安装光照强弱调节器，按照不同时期的要求控制光照强度。

(4)通风　通风量应随着日龄的增加逐渐加大，以人进入室内不感到刺激眼鼻为宜。实际生产中，1～2周龄以保温为主；3周开始要适当提高通风量和延长通风时间；4周龄后，除非冬季，则以通风为主，尤其是夏季。

(5)饲养密度　出场时最大收容密度可达30 kg活重/m^2。不同时期饲养密度见表7-1-1。

表7-1-1　肉用仔鸡的饲养密度　　只/m^2

周龄	地面垫料饲养	网上饲养	笼养
1～2	25～30	40～50	50～60
3～4	15～20	30～40	30～40
5～6	10～15	20～25	25～30

3.饲养技术

(1)公母分群饲养　进行雌雄鉴别将公母雏分开，按公母鸡的需要调整营养水平，前期把公鸡的蛋白质水平提高到24%，并适当添加赖氨酸，加厚垫料。

(2)尽早饮水和开食，保证采食量　初生雏鸡的第一次饮水称为"开水",雏鸡入舍后稍事休息后即可饮水。初次饮水水温在19～24℃为宜,水中可以添加葡萄糖、抗生素、电解多维等。正常情况下,开水后就不能再断水。雏鸡饮水2～3 h后,开始喂料,必要时采用人工引诱的办法,尽快让所有小鸡吃上饲料。开食料应用全价碎粒料,均匀撒在饲料浅盘上让鸡自由采食。

(3)添喂沙砾　1～14 d 100只鸡喂给100 g细沙砾。以后每周100只鸡喂给400 g粗沙砾,或在鸡舍内均匀放置几个沙砾盆,供鸡自由采用,沙砾要求干净、无污染。

(4)饲喂次数与饲喂量　饲喂次数本着少喂勤添的原则,1～15日龄喂8次/d或隔3～4 h喂一次,至少不能少于6次;16～56日龄喂3～4次/d。每次喂料多少应据鸡龄大小不断调整。

4.防止肉鸡饲养管理中容易出现的疾病

(1)肉鸡腹水症　是由于心、肺、肝、肾等内脏组织的病理性损伤而致使腹腔内大量积液症状的疾病。腹水症的发生与遗传、缺氧、缺硒、营养过剩及某些药物的长期使用等因素有关。在生产中针对这些必须严格预防。

(2)肉鸡腿病　是由遗传、营养、传染病和环境等因素的相互作用引起的。预防肉鸡腿部疾病的措施:完善防疫保健措施,杜绝感染性腿病;确保微量元素及维生素的合理供给;加强管理,避免因垫草湿度过大,脱温过早,以及抓鸡不当而造成的脚病。

(3)胸囊肿　是肉鸡胸部皮下发生的局部炎症,是肉仔鸡常见的疾病。从管理方面防止胸囊肿的方法有:尽可能保持垫料的干燥和松软,垫料保持足够的厚度,防止露出水泥地面,及时抖松或更换垫料以防潮湿板结。勿使鸡长期处于伏卧状态,应适当活动。尽量不采用金属网面饲养肉仔鸡。

5.正确抓鸡、运鸡,减少外伤

肉用仔鸡出栏时应做到:抓鸡前将所有的设备升高或移走,避免捕捉过程中损伤鸡体或损坏设备。关闭大多数电灯,使舍内光线变暗。抓鸡时要抓鸡腿，不要抓鸡翅膀和其他部位，每只手抓 3～4 只，不宜过多。装车时注意不要压着鸡头部和爪等，冬季运输上层和前面要用帆布盖上，夏季运输途中尽量不停车。

二、肉鸭的饲养管理

肉鸭具有早期生长迅速，饲料报酬高；体重大、出肉率高，肉质好；生产周期短，全年都能够批量生产等特点。

(一)肉鸭的饲养方式

目前，我国的肉鸭养殖业存在多种饲养方式，主要有放牧饲养、舍饲饲养。生产中一定要结合饲养品种的特点和生产实际选择适宜的饲养方式。

放牧饲养是我国肉鸭的传统饲养方式，包括草地散养、林地散养、稻田散养、湿地散养、浅水放养等。

舍饲饲养主要有网上平养、地面垫料平养、网上和地面结合饲养。网上饲养是肉鸭全程都在网上觅食、饮水、休息和排泄。地面垫料平养在地面铺设 8～10 cm 厚的垫草，夏季在雏鸭 1 周后可铺设细沙。网上和地面结合饲养在前 2 周采用网上饲养，然后改为地面垫料饲养。

(二)育雏期的饲养管理

0～3 周龄是肉鸭的育雏期，这是肉鸭生产中一项重要又细致的工作，必须做好每个环节、每项措施。

1. 环境条件及其控制

(1)温度　雏鸭体温比成年鸭低 2～3℃，调节机能较差，保持适当的温度是育雏成败的关键。鸭具体育雏温度控制可参考表 7-1-2。

(2)湿度　鸭舍内应保持适宜的湿度，一般 1 日龄应控制湿度为 75%，3～7 日龄为 60%～75%，两周龄后 50%～60%为宜。

表 7-1-2　鸭育雏温度参考标准　℃

日龄	活动区域	周围环境
1～3	30～29	30
3～7	29～28	29
7～14	27～26	27
14～21	26～25	25
21～28	24～22	22
28～40	20	22～18
40 日龄以后	18	17

(3)通风　通风的目的是排出过量湿气,排出氨气、硫化氢等有害气体,保证鸭只有新鲜的空气供给,调节室内温度。但育雏室要缓慢通风,且要根据室内温度、气味进行合理的通风调节。通风时同时要防止形成贼风,引起鸭只感冒。

(4)光照　光照可以促进雏鸭的采食和运动,有利于雏鸭健康生长。雏鸭在育雏期间每天 23 h 光照,提供 1 h 的黑暗,防止因停电等造成的黑暗引起鸭只恐慌惊群。2～3 周龄逐渐过渡到 16 h,舍内光照强度逐渐降低,以防啄癖的发生。从第 4 周至出栏采用自然光照。

(5)密度　育雏期饲养密度的大小要根据育雏室的结构和通风条件来定,同时随鸭只的日龄、季节、饲养方式的不同而合理变化。一般每平方米饲养 1 周龄雏鸭 25 只,2 周龄为 15～20 只,3～4 周龄为 8～12 只,每群以 200～250 只为宜。

2. 雏鸭的饲养管理技术

(1)雏鸭的饮水和开食　雏鸭到场后,争取在出壳 24 h 以内,大部分雏鸭可以快步行走时开始饮水。对于严重脱水或体弱的鸭只进行人工诱导饮水。雏鸭供水后 1～2 h 即可开食。雏鸭的第一次喂食称“开食”。肉用雏鸭开食用全价的小颗粒饲料效果较好,如果没有这样的条件,也可用碎玉米、碎糙米等煮成半熟后放到清水中浸一下捞起饲喂，几天后改用营养丰富的全价饲料饲喂。

(2)饲喂技术　第一周雏鸭应让其自由采食，保持饲料盘中常有饲料，但一次不可投喂太多，防止长时间吃不掉霉变而引起鸭只生病或浪费饲料，因此要少喂常添。1 周龄后可以逐步过渡到定时定餐。

(3)预防疾病　肉鸭抗病力低，群体大且集中，易发生疫病。因此，除加强日常的饲养管理外，要特别做好防疫工作。

(三)生长育肥期的饲养管理

肉鸭 22 日龄后进入生长育肥期。这个时期肉鸭对外界环境的适应能力增强，生长发育迅速。

(1)过渡期的饲养　育雏结束转入生长肥育期将雏鸭料逐渐换成生长期料(中鸭料)。换料需有 5～7 d 的过渡期，防止突然更换而引起鸭只应激影响生长。

(2)分群　转入生长肥育舍内应按鸭的性别、体质强弱、采食快慢等分群。同时根据饲养方式的不同选择适宜的饲养密度。

(3)防止啄羽　当圈舍内过于潮湿，饲养密度过大，光照过强或日粮中某些营养成分不足时，生长鸭会出现啄羽现象。集约化养鸭中，控制啄羽可以进行鸭只断喙。

(4)催肥　出栏前 7～10 d 可使用适宜的育肥方法和饲料类型对鸭只进行催肥。

三、肉鹅的饲养管理

(一)雏鹅的培育

雏鹅是指从孵化出壳到 4 周龄的鹅。该阶段雏鹅体温调节机能差，消化道容积小，消化吸收能力差，抗病能力差等，此期间饲养管理的重点是培育出生长速度快、体质健壮、成活率高的雏鹅。

1. 雏鹅的开水和开食饲喂

雏鹅出壳后 12～24 h 先饮水，第一次饮水称为“潮口”。多数雏鹅会自动饮水，对个别不会自动饮水的雏鹅要人工调教，将雏鹅喙浸入水中，让其喝水，反复几次即可。如数量大，训练一部分小鹅先学会饮水，然后其余通过模仿学会。经开水后，决不能停止，要保证随时都可以喝到水，天气寒冷时宜用温水。

开食时间一般以饮水后 15～30 min 为宜，将饲料撒在浅盘或塑料布上，或将少量饲料撒在幼雏身上，以引起其啄食欲望。开食料可用黏性较小的籼米和“夹生饭”掺一些切成细丝状的青菜叶、莴苣叶、油菜叶等。第一次喂食不要求雏鹅吃饱，吃到半饱即可，时间为 5～7 min。过 2～3 h 后，再用同样的方法调教采食。一般从 3 日龄开始，用全价饲料饲喂，并加喂青饲料。

2. 保温与防潮

雏鹅自身调节体温的能力较差，饲养过程中必须保证均衡的温度。保温期的长短，因品种、气温、日龄和雏鹅的强弱而异，一般需保温 2～3 周。保温的同时要注意防止潮湿。

鹅育雏期适宜温、湿度见表 7-1-3。

表 7-1-3　鹅育雏期适宜的温、湿度

日龄	育雏器温度/℃	育雏室温度/℃	相对湿度/%
1～5	28～27	15～18	60～65
6～10	26～25	15～18	60～65
11～15	24～22	15	65～70
16～20	22～20	15	65～70
20 日龄以后	18	15	65～70

3. 通风

夏秋季节，通风换气工作比较容易进行，打开门窗即可完成。冬春季节，通风换气和室内保温容易发生矛盾。通风时间多安排在中午前后，避开早晚时间。且通风前，先使舍温升高2～3℃，然后逐渐打开门窗或换气扇，避免冷空气直接吹到鹅体。

4. 及时分群

第一次分群在10日龄时进行，每群150～180只；第二次分群在20日龄时进行，每群80～100只。在日常管理中，发现体轻、瘦弱、行动缓、食欲不振、行动迟缓者，应早作隔离饲养、治疗或淘汰。

5. 适时放牧和放水

放牧日龄应根据雏鹅体质、季节、气候特点而定。夏季，出壳后5～6 d即可放牧；冬春季节，要推迟到15～20 d后放牧。刚开始放牧应选择无风晴天的中午，把鹅赶到棚舍附近的草地上进行，时间为20～30 min。以后放牧时间由短到长，牧地由近到远。

开始放牧后，就可以放水。放水和放牧一样要选择无风晴天，把雏鹅赶到河边或池塘浅水处，任其自由下水游泳，切不可强迫赶入水中。初次放水约数分钟，然后任其在岸上休息、理羽片刻，待身干后再赶回鹅舍。

（二）育成期的饲养管理

育成期的鹅又称为中鹅。中鹅是指4周龄至催肥前的青年鹅。此期一般采用以放牧为主、补饲为辅的饲养管理方法。这既能大量采食天然青绿饲料和稻麦田遗粒，节省精料；还可使鹅群充分运动，增强体质，提高成活率。

放牧时，选择水草肥美、谷物丰盛、水源充足的地带，让鹅多吃青绿饲料，并经常轮换牧地。如果天然水草不足，可人工种植黑麦草、菊苣等牧草品种，满足肉鹅的饲草供应，并适量补饲精料。牧地附近要有树林或其他天然屏障，若无树林，应在地势高燥处搭简易凉棚，供鹅遮阴和休息。

放牧时确定好放牧路线，同时根据放牧场地大小、饲养数量和管理能力决定鹅群的大小。每个群体以200～300只为宜，由2

人管理放牧;若草场面积大,草质好,水源充足,鹅的数量可扩大到500～1 000只,需2～3人管理。

(三)育肥期的饲养管理

适时催肥是确保肉鹅及时出栏的关键。当肉鹅的主翼羽长出后,即可开始催肥。目前肉鹅育肥方法主要有放牧育肥法、舍饲育肥、人工填饲育肥3种。养殖场应根据当地的资源条件本场规模大小、饲养方式、资金多少等选择合适的育肥方式。

为了提高肉鹅生产经济效益,当达到适宜上市体重后要及时出栏。一般大型鹅种体重达到5～5.5 kg,中型鹅种达到3.5～4 kg,小型鹅种达到2.5～3 kg即可上市屠宰。

【知识链接】

优质黄羽肉鸡生产

优质黄羽肉鸡又称黄羽肉鸡、三黄鸡、优质肉鸡、优质鸡,外观以黄羽和黄麻羽为主。与普通肉鸡相比,优质黄羽肉鸡虽然增重较慢,饲料转化率不高,但抗病力强,营养丰富,肌肉嫩滑,味道鲜美,风味独特,因而深受市场的青睐。

1.饲养方式

优质黄羽肉鸡适应性强,生长速度慢,不易发生胸囊肿,其饲养方式多种多样,可实行地面垫料平养、网上平养和笼养。

2.饲料营养需求

在生产中优质黄羽肉鸡根据生长特点,将饲养期分为3个阶段,即雏鸡(0～6周龄),中鸡(7～10周龄)和育肥期(11周龄以上)。优质肉鸡营养要求比快速生长型肉鸡稍低,日粮代谢能水平一般比快长型肉鸡低2%～3%,蛋白质水平低5%～8%,氨基酸、维生素和微量元素水平可与蛋白质水平同步下降。

3.育成期饲养管理

优质黄羽肉鸡7～10周为中鸡阶段,称育成期或生长期。此时鸡群转到中鸡舍，要调整营养水平，降低日粮蛋白质含量，供给沙砾，提高饲料的消化率。生长后期提高日粮能量水平，最好添加少量脂肪，对改善肉质，增加鸡体肥度及羽毛光泽有显著作用。

优质黄羽肉鸡在保持稳定的生活环境的基础上，因具有性成熟较早的特点，公鸡在饲养到 50～60 d 时可进行阉割，这样容易育肥，肉质细嫩，味道鲜美。

4. 育肥期饲养管理

优质黄羽肉鸡到 10 周龄以后具有较好的脂肪沉积能力，所以肥育期适当提高日粮能量水平，使胴体有适量的脂肪沉积。上市前几周不要饲喂有不良气味的饲料原料；在饲料中添加含叶黄素的物质，使皮肤、胫、喙部产生深黄色，提高屠体外观质量。

优质黄羽肉鸡的饲养期长，饲料转化率低，适时出栏尽量缩短饲养时间是增加生产效益的一个重要环节。

5. 注意事项

要处理好肉仔鸡舍保温和通风的关系，前 10 d 以保温为主，适当通风；以后在保持适宜温度条件下注意通风，使鸡舍空气新鲜。第一周防止相对湿度过低，如果低于 50%，应当采取加湿措施，防止脱水。优质黄羽肉鸡的饲养周期较长，与肉仔鸡相比应增加部分疫病的免疫预防工作，如必须接种鸡马立克氏病疫苗和刺种鸡痘疫苗等，以提高商品肉鸡的合格率。

【提交作业】

某鸡场饲养新进肉用仔鸡 1 万只，每栋鸡舍饲养 5 000 只肉用仔鸡，请根据养殖场的条件选择适宜的饲养方式，并根据实际生产记录环境条件；通过实习记录饲养管理技术和免疫操作等心得体会。

【任务评价】

工作任务评价表

班 级		学 号		姓 名	
企业(基地)名称		养殖场性 质		岗位任务	肉禽的饲养制度

一、评分标准

说明：考核共5项，总分100分；分值越高表明该项能力或表现越佳，综合评分为各项评分的综合。90分以上优秀，75≤分数<90良好，60≤分数<75合格，60分以下不合格。

考核项目	考核标准	得分	考核项目	考核标准	得分
综合素质(55分)			专业技能(45分)		
专业知识(15分)	了解肉鸡的生产特点，对肉仔鸡育雏、育成、育肥各个环节饲养管理都能科学实施，疫病能科学进行预防和免疫。		幼禽环境条件控制(20分)	生产中温度、湿度适宜，通风适度，光照控制合理，密度大小适当。	
工作表现(15分)	态度端正；团队协作精神强；质量安全意识强；记录填写规范正确；按时按质完成任务。		饲养管理技术(15分)	生产中开水、开食时间适宜，方法得当，饲喂技术科学合理，防疫工作细致可靠。	
学生互评(10分)	根据小组代表发言、小组学生讨论发言、小组学生答辩及小组间互评打分情况而定。		育肥技术(5分)	育肥方法合理，饲料转化率高。	
实施成果(15分)	实际生产中针对养殖场的条件饲养方式选择正确；对环境条件控制合理；饲养管理技术科学有效；育肥方法适宜。		出栏上市时间控制(5分)	出栏上市时间控制合理，操作准确损伤少。	

综合分数：______分　　优秀(　)　　良好(　)　　合格(　)　　不合格(　)

二、综合考核评语

(该学生是否掌握了该岗位的专业知识、专业技能及掌握程度，能否通过该岗位技能考核)

老师签字：

日　　期：

说明：此表由校内教师或者企业指导教师填写。

工作任务二　肉禽的肥育技术

【任务描述】

选择适宜的肉禽肥育方式，有效的实施育肥技术，对生产中出现的问题能及时有效的处理。

【任务情境】

放牧育肥投入少，肉质鲜美；舍饲育肥育肥期短，便于管理；填饲育肥增重速度最快，肉嫩味美。养殖场应根据肉禽的生产特点及自身技术、资金、生产方式等选择适宜的肉禽肥育方式。

【任务实施】

一、放牧育肥

(一)放牧育肥生产的特点

(1)放牧育肥可以充分利用自然资源，节约大量饲料，降低生产成本。

(2)放牧育肥使肉禽得到很好的锻炼，增强体质，还可使肉质鲜美，符合绿色食品的要求。

(3)若农牧结合，放牧育肥能降低农产品成本提高其品质。

(二)放牧育肥的饲养管理

1.合理组群

放牧群的大小控制是否恰当，直接影响到肉禽的生长发育和群体整齐度，如果放牧地较窄，青绿饲料较少，群体过大，必定会影响肉禽的生长发育。因此要根据场地的大小、草质、水源、饲养数量和管理能力等情况来确定放牧群的大小。

2.放牧场地的选择

生产中优质肉鸡可以选择果园、林地、山地、滩区进行放养生产，让鸡采食青草，捕捉昆虫等。在我国华北、华南、华中和西南等地区，肉鸭可在农田周围、江河、沟渠边等地充分利用自然资源进行放牧育肥，主要是结合夏收、秋收，在水稻或小麦收割后，将肉鸭赶至田中，觅食遗粒和各种草籽、昆虫以及其他饲料。肉鹅可以选择牧草丰富、鲜嫩，接近无污染水源的天然草场或人工草地。人工草地一般选择鹅喜食的优质禾本科牧草，如多年生黑麦草、多花黑麦草、菊苣、苦荬菜等。

3.放牧节奏

放牧应慢赶慢放，吃饱吃好，少运动，以促进增重。放牧时间视季节和天气而定，一般上、下午各 4 h，中午让肉禽有适当的休息。对于鸭鹅放牧时要根据具体情况及时放水。

4.补饲

根据野生饲料资源情况，决定补饲量的多少。补饲时必须用全价配合饲料或颗粒料，减少浪费。

5.安全与卫生

放牧的育肥群要注意防止外界刺激，加强定期驱虫，夏天放牧还要注意防止中暑。

二、舍饲育肥

肉禽的舍饲育肥法，使肉禽的活动被限制，能量消耗明显降低，体脂积贮加快，育肥期明显缩短。

(一)肉鸡的舍饲育肥

肉雏鸡养到 30 d，体重已达 0.5 kg 以上，羽毛丰满，活动能力强，采食增加，到了这个时候可进入舍饲育肥，饲养管理要注意以下几点。

(1)选择合适的品种　选择合适的品种是舍饲育肥首要的条件，比较适于的鸡种有三黄胡须鸡、麻鸡、杏花鸡等地方品种。

(2)肥育鸡的个体选择　选择健康无病、发育均匀、体重在

1.1～1.2 kg 的尚未产蛋的青年小母鸡或体重在 1.5～1.7 kg 的去势阉鸡进行肥育。

(3)分群　育肥前把肉鸡按大小、公母、强弱进行分群饲养。

(4)控制光照　为使肉鸡减少活动、减少能量消耗，在不影响采食和饮水的前提下，每天采用弱光照 20 h，使鸡处于安静的环境中。这不但更有利于育肥，还可使鸡的表皮更为细嫩。

(5)调整饲料配方　饲喂含能高的全价配合饲料，如玉米、小麦、碎米等，以利于增重。饲料是影响鸡肉味道的原因之一，在后期肥育的饲料中最好不要加入动物性蛋白质饲料。当鸡养到 1 kg 左右，可在饲料中加入 2%～3%的油脂，使饲料能量提高，快速增重，并且能使鸡的羽毛光泽有较大的改观。

(二)肉鸭的舍饲育肥

育肥鸭舍应选择在有水塘的地方，用砖瓦或竹木建成，舍内光线较暗，但要求空气流通。育肥舍要保持环境安静，适当限制鸭的活动，最好饲喂全价颗粒饲料，任其饱食，供水不断，定时放到水塘活动片刻。这样经过 10～15 d 肥育饲养，可增重 0.25～0.5 kg。

(三)肉鹅的舍饲育肥

用竹料或木料搭一个棚架，架底离地面 60～70 cm，以便于清粪，棚架四周围以竹条。食槽和水槽挂于栏外，鹅在两竹条间伸出头来采食、饮水。按鹅的大小、强弱分别圈养，每平方米养4 只。育肥期间喂以玉米、稻谷、碎米、糠麸、番薯等碳水化合物含量丰富的饲料。日喂 3～4 次，最后一次在晚上 10 时饲喂，喂量不限，并供足饮水。为了增进鹅的食欲，隔日让鹅下池塘水浴一次，每次约 10～20 min，浴后在运动场日光浴，梳理羽毛，最后赶鹅进舍休息。

三、填饲育肥

人工填饲育肥就是人为地强迫肉禽吞食大量富含碳水化合

物的饲料，使其在短期内迅速长肉及积蓄脂肪，生产中肉鸭、肉鹅使用此法较多。此法育肥增重速度最快，只要经过 15 d 左右就可达到肉禽体脂肪迅速增多，肉嫩味美的效果。

(一)填饲适宜周龄与体重

鸭、鹅填饲适宜周龄和体重随品种和培育条件不同而不同。但都要在其骨骼基本长足，肌肉组织停止生长，即达到体成熟之后进行填饲才好。一般大型仔鹅在 15～16 周龄，体重 4.6～5.0 kg；兼用型麻鸭在 12～14 周龄，体重 2.0～2.5 kg；肉用型仔鸭体重 3.0 kg 左右；瘤头鸭和骡鸭在 13～15 周龄，体重 2.5～2.8 kg 为宜。

(二)填饲季节的选择

填饲最适温度为 10～15℃，20～25℃尚可进行，超过 25℃以上则很不适宜。这是因为水禽在高能量饲料填饲后，皮下脂肪大量贮积，不利于体热的散发。如果环境温度过高，特别是到填饲后期会出现瘫痪或发病。

(三)填饲饲料与填饲量

1. 填饲期的饲料调制

肉鸭前期料中蛋白质含量高，粗纤维也略高；而后期料中粗蛋白质含量低(14%～15%)，粗纤维略低，但能量却高于前期料。鸭填饲料配方见表 7-2-1。鹅的饲料配方见表 7-2-2。

表 7-2-1　鸭填饲期的饲料配方　　%

配方号	玉米	大麦	小麦面	麸皮	鱼粉	菜籽饼	骨粉	碳酸钙	食盐	豆饼
1	59	4.8	15	2.2	5.4	—	1.9	0.4	0.3	11
2	60	—	15	10.8	3.5	5	—	1.4	0.3	4

表 7-2-2　鹅填饲期的饲料配方　　%

配方号	玉米	米糠	豆饼粉	麸皮	骨粉	鱼粉	食盐	细沙	多种维生素
1	50	24	5	15	2	3.2	0.5	0.3	—
2	51	24	5	15	—	4.1	0.5	0.3	0.1

2. 填饲量

肉鸭填料量：第 1 天填 150～160 g，第 2～3 天填 175 g，第 4～5 天填 200 g，第 6～7 天填 225 g，第 8～9 天填 275 g，第 10～11 天填 325 g，第 12～13 天填 400 g，第 14 天填 450 g。肉鹅填料量：1～3 日龄 250 g；4～5 日龄 300 g；6～7 日龄 350 g；8～12 日龄 400～550 g；13～15 日龄 600～650 g。最初肉禽由于由采食改为强迫填食，可能不太适应，不要喂得太饱，以防止造成食滞疾病，待习惯后，即可逐日增加填量。

（四）填饲方法

1. 人工填喂法

人工填料时左手捉住鸭鹅头，使其张开嘴，双膝夹住肉禽身体，右手拿饲料条蘸一下水，用食指将饲料塞入食道。每填一条，都用手顺颈轻轻推动使其吞下。

2. 机器填喂法

填料时用左手抓住鸭鹅头，右手握住膨大部底部，以左手拇指和食指张开鸭鹅嘴，中指压住舌头，将胶管轻轻插入鸭鹅的食道内，松开左手，扶住鸭鹅头，把饲料压入食道内，右手顺着颈部把饲料向下抹。填喂时鸭鹅体要放平，以免伤害食道。填喂同时要注意料桶是否有料，如果饲料已用光，会将空气压入食道内，造成死亡。如果压进空气，要立即用手把空气排出。

（五）填饲管理

（1）填喂时动作要轻，如用机器填饲每次填喂完后，要将填喂机清洗干净。

（2）要及时供给充足的饮水，饮水盘中可加些沙砾，以促进消化。

（3）适当放水活动，清洁禽体，帮助消化，促进羽毛的生长。

（4）保持圈舍地面平整，防止肉禽跌倒受伤；舍内保持干燥。

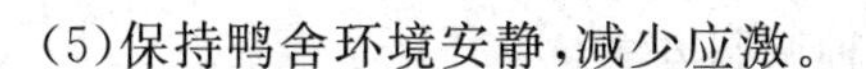

(5)保持鸭舍环境安静,减少应激。

(六)适时出售

经过上述育肥后的鸭、鹅,其肥育程度可根据两羽下体躯皮肤和皮下组织的脂肪沉积而确定,若摸到皮下脂肪结实,富有弹性,胸肌饱满,尾椎处脂肪丰满,翼羽根呈透明状态时,表明育肥良好,即可上市。一般鸭体重在 2.5 kg 以上,中型肉鹅达 3 kg 以上,大型肉鹅达 5 kg 以上便可出售。

【知识链接】

肥肝生产

1.肥肝的营养价值

肥肝富含不饱和脂肪酸、卵磷脂,具有降胆固醇、降血脂、延缓衰老、防止心血管病发生等功效,并且肥肝质地细腻,呈淡黄色或粉红色,味鲜而别具香味。肥肝包括鸭肥肝和鹅肥肝,它采用人工强制填饲,使鹅、鸭的肝脏在短期内大量积贮脂肪等营养物质,体积迅速增大,形成比普通肝脏重 5～6 倍,甚至十几倍的肥肝。

2.品种的选择

(1)鹅的品种　我国鹅种资源丰富,通常选择肥肝生产性能好的大型品种作父本,用繁殖率高的品种作母本,进行杂交,利用杂种一代生产肥肝。朗德鹅是国外最著名的肥肝专用鹅种。

(2)鸭的品种　我国目前用于肥肝生产的主要品种是北京鸭等大型肉鸭品种。

3.填饲饲料

玉米含能高,是最佳的填饲饲料,容易转化为脂肪贮积。而且玉米的胆碱含量低,使肝脏的保护性降低。因此,大量填饲玉米易在肝脏中沉积脂肪,有利于肥肝的形成。生产中玉米常用水煮法、干炒法和浸泡法3种调制方法。

日填饲量和每次填饲量应根据鹅、鸭的消化能力而定;填饲初期,填饲量应由少到多,随着消化能力增强逐渐加量。鹅、鸭每天填饲量为:小型鹅的填饲量以干玉米计在0.5～0.8 kg,大、中型鹅在1.0～1.5 kg;北京鸭0.5～0.6 kg,骡鸭在0.7～1.0 kg。达到上述最大日填饲量的时间越早,说明禽的体质健壮,肥肝效果也越好。

4. 填肥技术

生产中填饲方法可分为手工填饲和机械填饲两种。填饲期的长短取决于填饲鹅、鸭的成熟程度而定。我国民间有以14 d、21 d、28 d为填饲期的习惯。鹅的填饲期较长,鸭则较短。如能缩短填饲期,又能取得良好的肥肝最为理想。

5. 屠宰取肝

成熟鸭、鹅屠宰前12 h停止填饲,但不停水。屠宰时抓住双腿,倒挂在宰杀架上,头部向下,割断气管和血管,充分放血,使屠体皮肤白而柔软,肥肝色泽正常。待血放净后将鸭、鹅置于65～68℃水中浸烫,1 min后脱毛。将屠体放在4～10℃的冷库中预冷10～18 h后再取肝。屠体剖开后,仔细将肥肝与其他脏器分离,取肝时要小心不要将肥肝划破,取出的肝要适当整修处理,尔后将其放入0.9%的盐水中浸泡10 min,捞出沥干,称重分级。

【提交作业】

1. 当地自然资源和养殖场的实际情况,合理安排500只肉鸭的放牧育肥。制定出一天的操作细则。

2. 每组进行1～2只鹅的填饲,要求填饲量适宜,操作准确、熟练。

3. 生产中怎样安排肉鸡的舍饲育肥?

【任务评价】

工作任务评价表

班 级		学 号		姓 名	
企业(基地)名称		养殖场性 质		岗位任务	肉禽的肥育技术

一、评分标准

说明:考核共 5 项,总分 100 分;分值越高表明该项能力或表现越佳,综合评分为各项评分的综合。90 分以上优秀,75≤分数＜90 良好,60≤分数＜75 合格,60 分以下不合格。

考核项目	考核标准	得分	考核项目	考核标准	得分
综合素质(55 分)			专业技能(45 分)		
专业知识(15 分)	掌握肉禽放牧育肥饲养管理要点;肉鸡、肉鸭、肉鹅的舍饲育肥技术可靠;填饲育肥操作准确熟练。		放牧育肥(15 分)	放牧场地的选择合理,放牧群大小适宜,放牧节奏舒缓自然,补饲及时适度,放牧中操作细则全面合理。	
工作表现(15 分)	态度端正;团队协作精神强;质量安全意识强;记录填写规范正确;按时按质完成任务。		填饲育肥(15 分)	填饲饲料营养全面,填饲量适宜;填饲动作轻,操作准确;填饲温度适宜;品种选择得当。	
学生互评(10 分)	根据小组代表发言、小组学生讨论发言、小组学生答辩及小组间互评打分情况而定。		舍饲育肥(10 分)	舍饲育肥中品种选择、个体选择、分群、光照控制、配方选择合理,操作切合生产。	
实施成果(15 分)	熟练掌握各种育肥方式操作要点,在生产中能灵活应用,对生产中出现的各种问题能及时有效的解决。		育肥效果(5 分)	育肥时间短,效果好,操作准确、合理。	

综合分数:______分　优秀(　)　良好(　)　合格(　)　不合格(　)

二、综合考核评语

(该学生是否掌握了该岗位的专业知识、专业技能及掌握程度,能否通过该岗位技能考核)

老师签字:
日　　期:

说明:此表由校内教师或者企业指导教师填写。

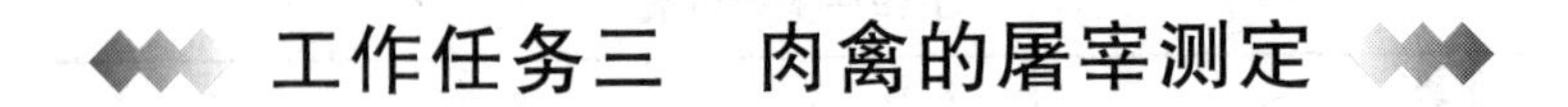

工作任务三　肉禽的屠宰测定

【任务描述】

使学生掌握肉禽宰前的准备工作，熟知屠宰步骤和屠宰测定项目，了解家禽的内脏器官结构特点和肉品质的评价标准。

【实训目标】

通过到屠宰场的实习参观和实际动手操作，了解如何进行肉禽屠宰前的准备工作；了解家禽的屠宰方法，能准确和熟练地进行肉禽的屠宰，掌握屠宰率的计算方法；通过内脏观察，能了解家禽内脏器官的结构特点以及公母禽生殖器官的差别；了解肉品质的评价标准，对肉品质量能准确判定。

【任务实施】

一、肉禽出栏前的要求

肉禽出栏前为避免药物残留，应按规定程序停止在饲料中添加药物；运输过程中需要注意天气和通风问题；利用夜间抓禽装运可减少鸡只挣扎受伤；运输的车辆必须彻底消毒之后再装运。

二、宰前准备

肉禽由饲养地到屠宰场必须给送宰活禽短暂的休息，实行绝食 12～24 h，宰前 3 h 左右要停止饮水。即将宰杀的肉禽要有严格的兽医卫生检验，有病或卫生防疫制度不健全的不能屠宰。宰前应对屠宰设备及各工艺间进行严格消毒，以确保产品质量。

三、屠宰步骤

屠宰放血→拔毛→屠体外观检查→分割、去内脏。

四、测定指标

(一)家禽屠宰性能测定指标

(1)活重　指在屠宰前停饲 12 h 后的重量。

(2)放血重　禽体放血后的重量。

(3)屠体重　禽体放血、拔毛后的重量(湿拔法需沥干)。

(4)胸肌重　将屠体胸肌剥离下的重量。

(5)腿肌重　将禽体腿部去皮、去骨的肌肉重量。

(6)半净膛重　屠体重去气管、食管、嗉囊、肠、脾脏、胰腺和生殖器官,留下心脏、肝脏(去胆)、肺脏、肾脏、腺胃、肌胃(去除内容物及角质膜)和腹脂的重量。

(7)全净膛重　半净膛重去心脏、肝、腺胃、肌胃、腹脂及头、颈、脚,留肺脏、肾脏的重量(鸭、鹅保留头、颈、脚)。

(8)腹肌重　包括腹脂(板油)及肌胃外脂肪。

(9)翅膀重　从肩关节切下翅膀称重。分割翅分为三节:翅尖(腕关节至翅前端)、翅中(腕关节与肘关节之间)和翅根(肘关节与肩关节之间)。

(10)其他　根据要求有时要称脚重、肝脏重、心脏重、肌胃重、头重等。

(二)通过测定指标可以了解家禽的生产性能

(1)屠宰率　指屠体重占活重的百分比。

(2)半净膛率　半净膛重占活重的百分比。

(3)全净膛率　全净膛重占活重的百分比。

(4)胴体出成率　胴体加工分割为成品后包括内脏占未分割时全净膛胴体的百分比。

(5)出成率　胴体加工分割为成品后(不包括内脏)占未分割时全净膛胴体的百分比。

(6)腿肉出成率　预冷分割后腿肉重量占毛鸡重量的百分比。

(7)腿肉次品率　去骨碎肉占总腿肉的百分比。腿肉出现断裂、刀伤、瘀血就作为次品。

(8)翅出成率　预冷分割后鸡翅的重量占毛鸡重量的百分数。

(9)翅次品率　二级翅占总翅的百分比。翅中和翅根出现断裂、刀伤、瘀血就作为次品,次品作为二级翅处理。

【知识链接】

工业化肉鸡屠宰加工工艺

1. 挂鸡

挂鸡人员用右手伸入鸡筐,抓住鸡的左腿关节以下的部位,将鸡拉出筐外,然后用左手轻抓腿关节下部,使鸡头向下,胸腹向前,鸡背朝向挂鸡员工,鸡爪分开挂在传送链钩两边的钩槽内,用力向下拉,使鸡爪全部卡在钩槽底部。挂鸡时每只链钩只能挂一只鸡,不能一钩多挂或将一只鸡挂在两个链钩上。每个挂鸡人员每小时可挂毛鸡 800～1 000 只。

2. 肉鸡宰杀放血

采用轨道式自动电麻圆盘道放血法。活鸡倒挂在自动输送轨道上,随轨道的运转,鸡头部通过水浴式头部电麻器击昏,麻电电压为 70～90 V,麻电时间为 2～3 s。然后工作人员准确地在鸡的左耳下 1 cm 偏喉管上部下刀,切断颈总动脉,不伤神经、气管和食管。鸡的沥血时间一般为 3～5 min。沥净血后入烫鸡池。

3. 浸烫打毛

烫鸡池温度 58～62℃,烫鸡时间为 40～60 s。烫好的鸡进入脱毛机。机械脱毛机可以全方位调整距离,使脱毛机的橡皮刺摩擦鸡体达最佳适度,达到最佳脱毛效果。对于尾毛、翅毛及腿毛等未打尽的羽毛,工作人员要用拇指和食指将其拔下,严重去毛不尽的鸡应重新进行烫毛、烫头、打毛。

4. 净毛洗淋

鸡经过脱毛后，在吊轨上运行到净毛浇淋区，工作人员将少量的未脱净的翅尖毛、尾毛去除，并充分洗淋以保持鸡体全身洁白干净。此后鸡体被切爪机自动切爪。

5. 开膛

肉鸡开膛掏内脏高架输送线主要完成的工序：开膛、掏内脏、切头、胴体清洗等。将掏出的内脏放入内脏滑槽内，由检疫人员检验，检验合格的鸡胴体进入下道工序，检验合格的鸡内脏进入内脏加工间处理。清洗胴体，去除体内的血水。

6. 预冷、分割包装

目前大多采用螺旋预冷机，分成 2 个阶段：第 1 阶段消毒预冷水的温度控制在 5℃以下，冷却水不得被消化道内容物、血液等严重污染，保持预冷池的清洁卫生。第 2 阶段水温应保持在 0～1℃。这样才能使预冷后的鸡体温度不高于 8℃。预冷好的胴体要通过沥干机或高架输送线将体内的水沥干。预冷后的光鸡可挂排上轨运入包装间包装入库速冻；也可运入分割间分割分类包装入库速冻。

【提交作业】

每小组屠宰 1～2 只鸡，要求屠体放血完全、无伤痕，并按屠宰测定顺序将结果填入表 3-5-1。要求数据准确、完整。另对鸡体各内脏器官进行认真观察、辨认。

表 7-3-1　肉鸡屠宰测定记录汇总表

测定周龄：　　　　　　　　测定人：　　　　　　　　测定时间：

品种	编号	性别	活重/g	血重/g	毛重/g	屠体		半净膛		全净膛		头颈重/g	脚重/g	翅重/g	腿肌/%	胸肌/%	腹脂/%	心肝肌胃重/g	皮下脂肪/g	备注
						/g	/%	/g	/%	/g	/%									

【任务评价】

工作任务评价表

班 级		学 号		姓 名	
企业(基地)名称		养殖场性 质		岗位任务	肉禽的屠宰测定

一、评分标准

说明：考核共5项，总分100分；分值越高表明该项能力或表现越佳，综合评分为各项评分的综合。90分以上优秀，75≤分数＜90良好，60≤分数＜75合格，60分以下不合格。

考核项目	考核标准	得分	考核项目	考核标准	得分
综合素质(55分)			专业技能(45分)		
专业知识(15分)	了解如何进行肉禽屠宰前的准备工作；了解家禽的屠宰方法，能熟练地进行肉禽的屠宰，掌握屠宰率的计算方法；熟知家禽内脏器官的结构特点以及公母禽生殖器官的差别；了解肉品质的评价标准。		肉禽屠宰前的准备工作(5分)	屠宰前的饲养管理应避免药残问题；屠宰前抓鸡，运鸡过程合理；宰前禁食供水合理。	
工作表现(15分)	态度端正；团队协作精神强；质量安全意识强；记录填写规范正确；按时按质完成任务。		肉禽屠宰(25分)	肉禽屠宰过程合理，操作准确、有条不紊，内脏器官辨别准确。	
学生互评(10分)	根据小组代表发言、小组学生讨论发言、小组学生答辩及小组间互评打分情况而定。		屠宰测定(10分)	体尺指标和屠宰性能指标测定操作准确无误，屠宰率的计算准确。	
实施成果(15分)	肉禽屠宰操作熟练，屠宰率计算准确；熟知家禽内脏器官的结构及公母禽生殖器官的差别；准确进行评价肉品质。		肉品质评价(5分)	熟练准确地进行新鲜肉感官评价，了解禽肉理化指标、微生物指标。	
综合分数：______分	优秀(　)	良好(　)	合格(　)	不合格(　)	

二、综合考核评语

（该学生是否掌握了该岗位的专业知识、专业技能及掌握程度，能否通过该岗位技能考核）

老师签字：

日　　期：

说明：此表由校内教师或者企业指导教师填写。

项目八

禽场经营管理岗位技术

岗位能力

使学生具备能综合分析禽场的经济效益、合理编制禽场的生产计划、科学管理禽场企业等岗位能力。

实训目标

了解生产成本的构成，并能对禽场经济效益组成进行分析，从而能有效地提高禽场的经济效益；能合理编制禽群周转计划、产品生产计划、饲料供应计划、家禽孵化计划，以确保很好地指导生产、检查进度、了解成效；能对企业生产进行科学管理：制定合理的操作规程、建立岗位责任制、确定劳动定额。

工作任务一　禽场经济效益的分析

【任务描述】

生产中只有通过对生产成本的分析与估测，才能很好地了解家禽场的效益高低，以便为进一步管理、降低成本、增加盈利提供可靠的依据。

【任务情境】

掌握生产成本的构成，生产成本中各项费用的支出情况，从而对生产成本进行计算，对禽场经济效益组成进行分析，在生产中切实可行的减少生产成本，提高养殖经济效益。

【任务实施】

一、生产成本的分析与估测

生产成本就是把养禽场为生产产品所发生的各项费用，按用途、产品进行汇总、分配，计算出产品的实际总成本和单位产品成本的过程。

(一)家禽生产成本的构成

家禽生产成本按传统分为固定成本和可变成本两大类。

固定成本是在已经正常生产的禽场中，凡是不因生产的产品量多少而变动的成本费用，由养禽企业的房屋、禽舍、饲养设备、运输工具、动力机械、生活设施、研究设备等折旧费，土地税，基建贷款利息等组成，在会计账面上称为固定资金。固定成本使用期长，以完整的实物形态参加多次生产过程；并可以保持其固有物质形态。随着养禽生产的不断进行，其价值逐渐转入到产品中，并以折旧费用方式支付。

可变成本是指随生产规模、产品产量大小而变化的成本费用，在生产和流通过程中使用的资金，也称为流动资金。可变成本包括饲料费、防疫费、燃料费、能源费、临时工工资等支出。其特点是仅参加一次养禽生产过程即被全部消耗，价值全部转移到家禽产品中。

家禽生产成本按国家新规定指直接材料、直接工资、制造费用、进货费用及业务支出等。

从生产成本构成中可以看出，要提高养禽企业的经营业绩的效果，首先应降低固定资产折旧费，尽量提高饲料费用在总成本中所占比重，提高每只禽的产蛋量、活重和降低死亡率。

（二）生产成本的支出项目

根据家禽生产特点，禽产品成本支出项目的内容，具体项目如下：

（1）饲料费　指家禽生产过程中实际耗用的自产和外购的各种饲料原料、预混料、饲料添加剂和全价配合饲料等费用，占总成本的60％～70％。

（2）育成禽摊销费　指雏禽费加育成费之和，约占总成本的20％。

（3）防疫保健费　指用于禽病防治的疫苗、药品、消毒剂和检疫费、专家咨询费等，占总成本的2％～5％。

（4）人工费　指直接从事家禽生产人员的工资、津贴、奖金、福利等。

（5）固定资产折旧费　指禽舍和设备的折旧费。房屋等建筑物一般按10～15年折旧，禽场机械设备一般按5～8年折旧。

（6）水、电、燃料费　指直接用于家禽生产的燃料、水电费，这些费用按实际支出的数额计算。

（7）其他直接费用　设备维修、低值易耗品及与生产相关的杂支费用。

（8）企业管理费　指养殖场用于管理的一切费用。

（9）车间经费　综合性养殖场的共用设施及技术人员的费用等。

以上项目的费用，构成禽场的生产成本。计算禽场成本就是按照成本项目进行的。产品成本项目可以反映企业产品成本的结构，通过分析考核找出降低成本的途径。

(三)生产成本的核算

生产成本的核算是以一定的产品为对象,归集、分配和计算各种物料的消耗及各种费用的过程。

1.生产成本核算对象

养鸡场生产成本的核算对象为每个种蛋、每只初生雏、每只育成禽、每只肉用禽和每千克禽蛋等。

2.生产成本核算方法

(1)种蛋生产成本的计算

每枚种蛋成本=(种蛋生产费用－副产品价值)/入舍种禽出售种蛋数

种蛋生产费为每只入舍种鸡自入舍至淘汰期间的所有费用之和。种蛋生产费包括种禽育成费、饲料、人工、房舍与设备折旧、水电费、医药费、管理费、低值易耗品等。副产品价值包括期内淘汰鸡、期末淘汰鸡、鸡粪等收入。

(2)初生雏生产成本的计算

每只初生雏成本=(种蛋费＋孵化生产费－副产品价值)/出售种雏数

孵化生产费包括种蛋采购费、孵化房舍与设备折旧、人工、水电、雌雄鉴别费、疫苗注射费、雏鸡运送费、销售费等。副产品价值主要是未受精蛋、毛蛋和公雏等收入。

(3)每只育成禽生产成本的计算

每只育成禽成本=(期内全部饲养费－副产品价值)/期内饲养只日数

育成禽生产费用包括蛋雏、饲料、人工、房舍与设备折旧、水电、管理费和低值易耗品等;副产品价值是指禽粪、淘汰禽等项收入。

(4)每只肉禽生产成本的计算

每只肉仔鸡成本=(肉仔鸡生产费用－副产品价值)/出栏肉仔鸡只数

肉仔鸡生产费用包括入舍雏鸡鸡苗费与整个饲养期其他各项费用之和,副产品价值主要是鸡粪收入。

(5)每千克禽蛋生产成本的计算

每千克禽蛋成本=(蛋禽生产费用－副产品价值)/入舍母鸡总产蛋量(kg)

蛋禽生产费用包括蛋禽育成费用,饲料、人工、房舍与设备折旧、水电、医药、管理费和低值易耗品等。副产品价值主要是蛋禽残值、鸡粪收入。

(四)总成本中各项费用的大致构成

1.鸡蛋的成本构成

每只鸡蛋的成本构成见表8-1-1。

表8-1-1　鸡蛋的成本构成

项　目	每项费用占总成本的百分率/%
后备鸡摊销费	16.8
饲料费	70.1
工资福利费	2.1
疫病防治费	1.2
燃料水电费	1.3
固定资产折旧费	2.8
维修费	0.4
低值易耗品费	0.4
其他直接费用	1.2
期间费用	3.7
合 计	100

2.育成鸡的成本构成

达20周龄育成鸡总成本的构成可见表8-1-2。

表 8-1-2　育成鸡(达 20 周龄)总成本构成

项目	每项费用占总成本的百分率/%
雏鸡费	17.5
饲料费	65
工资福利费	6.8
疫病防治费	2.5
燃料水电费	2
固定资产折旧费	3
维修费	0.5
低值易耗品费	0.3
其他直接费用	0.9
期间费用	1.5
合 计	100

二、家禽生产的经济效益分析

养禽生产是以流动资金购入饲料、雏禽、医药、燃料等，在人的劳动作用下转化为禽蛋产品，其中每个生产经营环节都影响着养鸡场的经济效益，而产品的产量、鸡群工作质量、成本、利润、饲料消耗和职工劳动生产率的影响尤为重要。下面就以上因素对鸡场的经济效益进行分析。

(一)成本分析

产品成本直接影响着养鸡场的经济效益。进行成本分析，可弄清各个成本项目的增减及其变化情况，找出引起变化的原因，寻求降低成本的最佳途径。成本分析时要确保数据的真实性，统一计算方法，确保成本资料的准确性和可比性。

1. 成本结构分析

分析各生产成本构成项目占总成本的比例，并找出各阶段的成本结构。成本构成中饲料是一大项支出，而该项支出最直接地用于生产产品，它占生产成本比例的高低直接影响着养禽场的经济效益。

2.成本项目增减及变化分析

根据实际生产报表资料，与本年计划指标或先进的禽场比较，检查总成本、单位产品成本的升降，分析构成成本的项目增减情况和各项目的变化情况，找出差距，查明原因。

(二)饲料消耗分析

饲料消耗分析应从饲料日粮、饲料消耗定额和饲料利用率三个方面进行。先根据生产报表统计各类鸡群在一定时期内的实际耗料量，然后同各自的消耗定额对比，分析饲料在加工、运输、贮藏、保管、饲喂等环节上造成的浪费情况及原因。此外，还要分析在不同饲养阶段饲料的转化率。生产单位产品耗用的饲料愈少，说明饲料报酬就越高，经济效益就愈好。

(三)禽群工作质量分析

禽群工作质量是评价养禽场生产技术、饲养管理水平、职工劳动质量的重要依据。禽群工作质量分析主要通过家禽的生活力、产蛋力、繁殖力和饲料报酬等指标的计算、比较来进行。饲养人员的劳动成效通常也可通过家禽的工作状况表现出来。只有家禽工作质量处于好的状态情况下，才有可能获得较多的产品和经济效益。

(四)产品产量分析

(1)计划完成情况分析　通过产品的实际产量与计划产量的对比，对养禽场的生产经营状况做概括评价及原因分析。

(2)产品产量增长动态分析　通过对比历年历期产量增长动态，查明是否发挥自身优势，是否合理利用资源，进而找出增产增收的途径。

(五)劳动生产率分析

劳动生产率反映着劳动者的劳动成果与劳动消耗量之间的对比关系。劳动生产率分析包括以下两个方面:

(1)劳动力数量一定的条件下,分析劳动生产率的变动对劳动产量的影响。

(2)产量一定的条件下,分析劳动生产率的变动对劳动力数量的影响。

(六)利润分析

利润是经济效益的直接体现,任何一个企业只有获得利润,才能生存和发展。养禽场利润分析包括以下指标:

1.利润总额

利润总额是指企业在生产经营过程中各种收入扣除各种耗费后的盈余,反映企业在报告期内实现的盈亏总额。利润总额是衡量企业经营业绩的十分重要的经济指标。

2.利润率

由于各个鸡场生产规模、经营方向不同,利润额在不同禽场之间不具有可比性,只有反映利润水平的利润率,才具有可比性。利润率一般用产值利润率、成本利润率、资金利润率来表示。

【知识链接】

提高禽场经济效益的措施

1.科学决策

正确的经营决策可收到较高的经济效益,错误的经营决策能导致重大经济损失甚至破产。禽场的正确决策包括经营的类型与方向、适度规模、合理布局、优化的设计、成熟的技术、安全生产、充分利用社会资源等方面。同时收集大量与养殖业有关的信息，如市场需求、产品价格、饲料价格、疫情、国家政策等方面的信息，做出正确的预测。只有这样才能保证决策的科学性、可行性，从而提高禽场的经济效益。

2. 提高产品产量

养禽场提高产品产量要做好以下几方面的工作：饲养优良禽种、提供优质的饲料、科学的饲养管理、适时更新禽群、重视防疫工作。养禽场必须制定科学的免疫程序，严格执行防疫制度，不断降低禽只死淘率，提高禽群的健康水平和产品质量才能获得好的经济效益。

3. 降低生产成本、增加产出

养禽场要获取最佳经济效益，就必须在保证增产的前提下，尽可能减少消耗，节约费用，降低单位产品的成本。其主要途径有：降低饲料成本、减少燃料动力费、正确使用药物、降低更新禽的培育费、合理利用禽粪、提高设备利用率、提高全员劳动生产率。

4. 搞好市场营销

养鸡要获得较高的经济效益就必须研究市场、分析市场，搞好市场营销。以信息为导向，迅速抢占市场。企业要及时准确地捕捉信息，迅速采取措施，适应市场变化，以需定产，有需必供。树立“品牌”意识，生产优质的产品，树立良好的商品形象，创造自己的名牌，提高产品的市场占有率。

【提交作业】

计算种鸡的生产成本，并分析种鸡总成本的构成，列表表示出固定成本和可变成本。并结合生产实际分析怎样提高种鸡生产的经济效益。

【任务评价】

工作任务评价表

班级		学号		姓名	
企业(基地)名称		养殖场性质		岗位任务	禽场经济效益的分析

一、评分标准

说明:考核共5项,总分100分;分值越高表明该项能力或表现越佳,综合评分为各项评分的综合。90分以上优秀,75≤分数<90良好,60≤分数<75合格,60分以下不合格。

考核项目	考核标准	得分	考核项目	考核标准	得分
综合素质(55分)			专业技能(45分)		
专业知识(15分)	了解家禽生产成本中固定成本和可变成本各自组成状况,生产成本支出项目的内容;掌握生产成本的计算方法及家禽生产经济效益的分析方法。		成本组成(10分)	固定成本和可变成本组成分析合理,比例科学。	
工作表现(15分)	态度端正;团队协作精神强;质量安全意识强;记录填写规范正确;按时按质完成任务。		成本支出(10分)	成本支出项目全面;费用比例依据合理,符合生产实际。	
学生互评(10分)	根据小组代表发言、小组学生讨论发言、小组学生答辩及小组间互评打分情况而定。		成本计算(20分)	成本计算方法正确,结果准确,数据真实可靠。	
实施成果(15分)	生产成本计算方法得当,结果正确,效益分析科学合理。		生产效益分析(5分)	生产效益分析合情合理,能很好地指导生产。	

综合分数:______分　　优秀(　)　　良好(　)　　合格(　)　　不合格(　)

二、综合考核评语

(该学生是否掌握了该岗位的专业知识、专业技能及掌握程度,能否通过该岗位技能考核)

老师签字:

日　　期:

说明:此表由校内教师或者企业指导教师填写。

工作任务二　家禽生产计划的编制

【任务描述】

家禽生产计划是禽场全年生产任务的具体安排。制订的生产计划要尽量切合实际，才能很好地指导生产、检查进度、了解成效。

【任务情境】

任何一个养鸡场必须有详尽的生产计划，用以指导禽生产的各环节。养禽生产的计划性、周期性、重复生产性较强，对生产计划进行不断的修订、完善，可以大大提高生产效益。

【任务实施】

一、禽群周转计划的编制

(一) 雏鸡、育成鸡周转计划

雏鸡、育成鸡周转计划见表 8-2-1。

表 8-2-1　雏鸡育成鸡周转计划表

月份	0～42 日龄							73～132 日龄						
	期初只数	购入		转出		成活率	平均饲养只数	期初只数	购入		转出		成活率	平均饲养只数
		日期	数量	日期	数量				日期	数量	日期	数量		
合计														

(二)商品蛋鸡群的周转计划

商品蛋鸡周转计划见下表 8-2-2。

表 8-2-2　商品蛋鸡周转计划

月份	期初数	购入		死亡数	淘汰数	成活率	总饲养只数	平均饲养只数
		日期	数量					
合计								

(三)肉种鸡群周转计划

1. 种公鸡的饲养与淘汰

种鸡群要按适当的配偶比例配备种鸡。由于生产配种过程中发生种公鸡的正常死亡、淘汰率,因而后备种公鸡要按正常需要多留 20%。

2. 产蛋母鸡的淘汰和接替

一般鸡场在种鸡开产后利用一年即可淘汰,因此在淘汰前 5 个月开始育雏,培养后备鸡接替。肉种鸡群周转计划见表 8-2-3。

表 8-2-3　肉种鸡群周转计划

组别	计划年初数	月份											
		1	2	3	4	5	6	7	8	9	10	11	12
0～4 周龄雏鸡													
4～6 周龄雏鸡													
6～14 周龄后备母鸡													
14～22 周龄后备母鸡													
6～22 周龄后备公鸡													
种公鸡													
淘汰种公鸡													

续表 8-2-3

组别	计划年初数	月份											
		1	2	3	4	5	6	7	8	9	10	11	12
产蛋种母鸡													
淘汰种母鸡													
肉用仔鸡													
总计													

二、产品生产计划的编制

制定产品生产计划时应以主产品为主。如肉鸡场产肉计划根据屠宰肉用鸡的只数和肥育鸡的平均活重编制,还应制定出合格率与一级品率,以同时反映产品的质量水平。商品蛋鸡场的产蛋计划则按每饲养日即每只鸡日产蛋克数估算出每日每月产蛋总重量,按产蛋重量制定出鸡蛋产量计划。产蛋计划见表 8-2-4。

表 8-2-4 产蛋计划

项目	月份											
	1	2	3	4	5	6	7	8	9	10	11	12
产蛋母鸡月初只数												
月平均饲养产蛋母鸡只数												
总产蛋率/%												
产蛋总数/个												
总产量/kg												
种蛋数/个												
食用蛋数/个												
破损率/%												
破损蛋数/个												

三、饲料供应计划的编制

不同时期、不同类型的鸡只饲料计划见表 8-2-5 和表 8-2-6。

表 8-2-5　雏鸡育成鸡饲料计划

雏鸡周龄	平均饲养只数	饲料总量/kg	各种料量/kg						添加剂
			玉米	豆粕	鱼粉	麸皮	骨粉	石粉	
1～6									
7～14									
15～20									
合计									

表 8-2-6　蛋鸡饲料计划

月份	饲养只日数	饲料总量/kg	各种料量/kg						添加剂
			玉米	豆粕	鱼粉	麸皮	骨粉	石粉	
合计									

【提交作业】

某商品蛋鸡场的主要生产任务是全年平均饲养蛋鸡 10 000 只,平均每只年产蛋 220 个。该场上年度末和计划本年度末产蛋鸡存栏数均为 10 100 只。计划开产日龄 150 d,育成率为 90%。产蛋母鸡每月死亡淘汰率为 1%。产蛋一整年后全部淘汰。初生雏鉴别准确率为 95%。请编制育雏计划、鸡群周转计划表、饲料供应计划表。

【任务评价】

工作任务评价表

班级		学号		姓名	
企业(基地)名称		养殖场性质		岗位任务	家禽生产计划的编制

一、评分标准

说明:考核共5项,总分100分;分值越高表明该项能力或表现越佳,综合评分为各项评分的综合。90分以上优秀,75≤分数<90良好,60≤分数<75合格,60分以下不合格。

考核项目	考核标准	得分	考核项目	考核标准	得分
综合素质(55分)			专业技能(45分)		
专业知识(15分)	掌握禽群周转计划、产品生产计划、饲料供应计划、家禽孵化计划编制的依据条件,了解和掌握编制步骤。		禽群周转计划的编制(15分)	结合鸡位、鸡位利用率、饲养日和平均饲养只数、入舍鸡数等因素,制订出的鸡群周转计划要准确可行。	
工作表现(15分)	态度端正;团队协作精神强;计划编制合理可行;按时按质完成任务。		产品生产计划的编制(15分)	综合本场的具体饲养条件,同时参考上一年产量,产品计划切实可行,经过努力可以完成或超额完成。	
学生互评(10分)	根据小组代表发言、小组学生讨论发言、小组学生答辩及小组间互评打分情况而定。		饲料供应计划的编制(10分)	根据鸡场规模及饲料消耗定额,禽场年初制定所需各种饲料的数量和比例,防止饲料不足或比例而影响生产的正常进行。	
实施成果(15分)	计划的编制合理可行,切合生产实际,能很好地检查进度,了解生产成效。		表格整体合理性(5分)	所有表格逻辑性强,可行、合理。	

综合分数:______分　　优秀(　)　　良好(　)　　合格(　)　　不合格(　)

二、综合考核评语

(该学生是否掌握了该岗位的专业知识、专业技能及掌握程度,能否通过该岗位技能考核)

老师签字:

日　　期:

说明:此表由校内教师或者企业指导教师填写。

工作任务三　家禽企业的生产管理

【任务描述】

家禽企业生产管理中操作规程的制定、岗位责任制的建立、劳动定额的确定与企业正常运行、经济效益密切相关。

【任务情境】

各场应该根据本场实际情况，针对不同阶段的家禽制定不同的操作规程；建立的岗位责任制要使每一项生产工作都有人去做，并按期做好，使每个职工各得其所，能够充分发挥主观能动性；养殖场应该根据本场机械化水平和饲养方式，测定现场工作量，以测定结果为依据，经适当调整后制定出切实可行的劳动定额。

【任务实施】

一、制定操作规程

操作规程是禽场生产中按照科学原理制定的日常作业的技术规范。家禽企业管理中的各项技术措施和操作等均通过操作规程加以贯彻。同时，它也是检查生产的依据。

(一)生产技术标准

目前推广数量大的良种家禽皆有饲养管理指南，其中就有该品种的生产技术标准，各养殖场应该根据本场实际情况，经适当调整后拟定出本场的生产技术标准。

(二)技术操作规程

生产中禽场的技术操作规程包括饲养管理操作规程、免疫防疫操作规程、养殖场消毒操作规程等。不同饲养阶段的家禽，要按其生产周期制定不同的技术操作规程。如育雏（或育成或蛋鸡）技术操作规程，通常包括以下一些内容：对饲养任务提出生产指标，使饲养人员有明确目标；指出不同饲养阶段鸡群的特点及饲养管理要点；按不同的操作内容分段列条，提出切合实际的要求。操作规程要尽可能采用先进的技术和反映本场成功的经验；条文要简明具体。

操作规程初稿拟定时要邀集有关人员共同逐条认真讨论，并结合实际做必要的修改。只有直接生产人员认为切实可行时，各项技术操作才有可能得到贯彻，制定的技术操作规程才有真正的价值。

（三）日常工作程序

将各类禽舍每天从早到晚按时划分，对每项常规操作做出明文规定，使每天的饲养工作有规律地全部按时完成。

肉鸡操作规程示例：

6:20　喂料，加水。加水前清洗饮水器。同时检查温湿度，观察鸡群状况，挑出病、弱、死雏，做好记录。

7:00　根据情况决定是否清粪和更换垫料。

8:00　打扫舍内外卫生，包括工具、饲料摆放。

8:30　根据情况加料、添水。

9:00　舍外环境消毒。

10:30　根据情况加料、添水，观察鸡群。

11:30　带鸡消毒。

12:30　加水、加料，检查温湿度。

14:30　加料、加水，观察鸡群。

16:00　把第 2 天要用的料、药品准备齐全并到位。

16:30　加料、加水，观察鸡群。

18:00　加料、加水，观察鸡群。

(四)生产统计与技术总结

禽场生产中,每批次、各禽舍每天的主要生产指标完成情况皆要以生产日报表的形式上报并公布,每周汇总成周报,继而形成月报。到一个阶段末则全面汇总、整理、统计和分析,形成技术总结资料。如此定期总结经验,才能不断改进技术,提高生产水平。

二、建立岗位责任制

在家禽的生产管理中,要使每一项生产工作都有人去做,并按期做好,使每个职工各得其所充分发挥主观能动性,则需要建立岗位责任制。

岗位责任制的制定要领是责、权、利分明。内容包括工作职责、生产任务或饲养定额;必须完成的工作项目或生产量(包括质量指标);授予权利和权限;超产奖励、欠产受罚的明确规定。

建立了岗位制,还要通过各项记录资料的统计分析,不断进行检查,用计分方法科学计算出每一职工,每一部门,每一生产环节的工作成绩和完成任务的情况,并以此作为考核成绩及计算奖罚的依据,同时也便于上级检查及相互监督。

现将鸡场一些主要岗位的职责及基本要求简述如下:

(一)场长职责

场长是鸡场成败兴衰的关键人物,应有一定的畜牧兽医专业知识和经济管理知识;重视技术、资料和信息,有敬业精神和魄力;关心职工,知人善用,团结部署,善于调动全员的积极性;注重信誉、守诺言、纪律严、赏罚明。这是一位称职场长应该具备的基本素质。具体来说场长应具有下列能力:

(1)负责养禽场全面工作,编制年度禽群生产周转计划;

(2)拟定全年检疫、免疫、消毒实施计划;

(3)制定场内各项规章制度;

(4)定期和不定期检查技术操作规程执行情况;

(5)及时收集和掌握市场信息,及时修订和调整生产计划;

(6)实行全员劳动合同制;

(7)建立健全技术指标承包责任制;

(8)协调养禽场内部各生产单位之间及养禽场与地方有关部门之间的关系;

(9)定期召开职工民主生活会或班组长会;

(10)坚持克己奉公,秉公办事,廉洁自律,严格管理;

(11)搞好职工食堂;

(12)做好年终总结,写出总结报告;

(13)筹集资金。

(二)技术员职责

技术员是在场长的领导下,负责全场养禽生产技术工作。应该具有丰富的畜牧专业知识和熟练的养禽生产技能,熟悉养禽生产全过程;能经常观察禽群及设备状况,掌握全场生产动态;工作认真负责,精细准确,注意方法,讲究效率。具体职责:

(1)合理制定饲养方案;

(2)制订防疫计划;

(3)能够从禽群表现判断禽群是否正常;

(4)具有对一般常见病进行诊断、防治的能力;

(5)能够制定和推行本场的饲养管理规程、禽群周转计划;

(6)有对禽群进行选留、淘汰、合理分群的基本知识和操作能力;

(7)定期更换场门口消毒池内的消毒液;

(8)定期进行驱虫;

(9)负责引种时的检疫工作;

(10)认真填写和上报全场防疫统计报表；

(11)熟悉发生疫情时的处理方法；

(12)学习和掌握疫病防治新技术和新方法。

(三)饲养员职责

(1)认真学习家禽基本理论知识和基本饲养技术；

(2)遵纪守法、遵守场内各项规章制度；

(3)严格贯彻各项饲养操作规程；

(4)服从领导工作分配；

(5)杜绝饲料浪费，及时检查水槽、饮水器是否漏水，认真观察鸡群状况；

(6)协助技术员做好群体整理工作；

(7)做好冬季防寒夏季防暑工作；

(8)按规定和要求每天开灯、关灯；

(9)舍内工具、饲料、杂物等的放置要有条不紊。

(四)其他人员职责

(1)严格执行各项规章制度；

(2)爱惜场内产品及生产工具；

(3)严格执行场内的卫生防疫制度。

三、确定劳动定额

劳动定额是指在一定的生产技术和组织条件下，为生产一定数量的产品或完成一定量的工作所规定的劳动消耗量的标准。劳动定额是衡量劳动(工作)效率的标准。

(一)劳动定额的制定

为了客观、合理地制定劳动定额，养殖场应该根据本场机械化水平和饲养方式，测定现场工作量，以测定结果为依据，经适当调整后制定出劳动定额。此外,还必须有合理的劳动报酬和奖惩,加强劳动制度的管理,开展劳动竞赛等。尤其要重视增进劳动者的智力开发,包括知识和才能的培养,提高职工的责任心、事业心,加强职工的组织性和纪律性。

(二)影响劳动定额的因素

(1)集约化程度　大型养禽场劳动生产率较高,专业化程度高有利于提高劳动效率。

(2)机械化程度　机械化主要减轻了饲养员的劳动强度。

(3)管理因素　管理严格效率高。

(4)所有制因素　私有制大型养禽场、三资企业注重劳动效率。

(5)地区因素　发达地区效率高。

(三)鸡场劳动定额举例(表 8-3-1)

表 8-3-1　鸡场劳动定额举例

工种	内容	管理定额/(只/人)	基本条件
肉种鸡育雏、育成平养	一次清粪	1 800～3 000	饲料到舍,自动供水,人工供暖或集中供暖
肉种鸡育雏、育成笼养	经常清粪,人工供暖	1 800～3 000	手工操作
肉种鸡两高一低平养	一次清粪	1 800～2 000	自动供水,手工供料,手工拣蛋
肉种鸡笼养	全部手工操作,人工输精	3 000/2	两层笼养,手工供料,自动供水
肉用仔鸡	1 日龄至上市	5 000 10 000～20 000	自动供水,人工供暖,手工供料 自动饮水,集中供暖,自动加料
蛋鸡育雏期	四层笼养,头一周值夜班,注射疫苗	6 000/2	笼养,手工操作,注射疫苗时防疫员尚需帮工

续表 8-3-1

工种	内容	管理定额/(只/人)	基本条件
蛋鸡育成鸡	三层育成笼,饲喂、清粪	6 000	自动供水,人工饲喂、清粪
蛋鸡笼养	全部手工	5 000	笼养,手工操作
蛋种鸡育雏育成期	手工操作	3 000	网上平养
蛋种鸡笼养	饲养与人工授精	2 000～2 500	乳头式饮水器
孵化	孵化操作与雌雄鉴别,注射疫苗	孵化器容量:每2万孵化蛋位1～1.5人	蛋车式,自动化程度较高
清粪		3万～4万只的粪	由笼下人工刮出来再运走,粪场200 m以内

【知识链接】

生产管理的意义

管理适应生产的需要而产生,生产借助于管理而实现。生产管理是家禽生产的重要组成部分。无论大场还是小场都应研究经营管理。实践证明,没有管理的科学化、生产手段和科学技术的现代化,养禽生产就很难获得高的经济效益。随着社会主义市场经济的日益完善,养禽业面临着严重的挑战,市场竞争日趋激烈,科学的生产管理愈显重要。

1. 搞好生产管理,才能实现养禽场的决策科学化

养禽业的产品多为鲜活商品,它具有间歇性和饲养管理连续性的特点,一般生产周期较长,而市场瞬息万变,只有及时准确地搜集经济信息(如市场需求、产品价格、饲料价格等),科学地生产预测,把握正确的生产经营方向,确定适宜的生产规模、合理的鸡群结构、适当的上市时间,才能使产品符合市场需求,获取较高利润。

2. 搞好生产管理，才能最大限度地调动职工劳动积极性，提高劳动效率

养禽业不同于其他行业，它的劳动对象是有生命的动物，它的生产过程是人的经济再生产与动物的自然再生产的有机结合。因此，人的因素在养禽业比其他企业更为重要。在生产管理过程中，要明确每个人的职责，制定合理的技术指标和劳动定额，建立完善的评估奖惩机制，充分发挥人的主动性，让企业的生产“机器”得以最有效地利用。

3. 搞好生产管理，才能有效地组织生产，实现最优化生产

养禽生产的各个环节，各项业务，在时间上、空间上，纵横交错，只有周密计划，严格控制，适时落实，才能使各个生产要素形成一个有机的整体，使生产经营活动协调统一。

4. 搞好生产管理，才能不断提高养禽场的技术水平

严格进行生产记录记载，及时反馈生产信息，不断修正管理方案，总结规律，改进养禽场的饲养管理技术，促进养禽场的管理上水平、上台阶。

5. 搞好生产管理，才能提高养禽生产的经济效益

做好成本预测，加强成本分析，准确进行成本核算，实行成本控制，降低投入，增加产出，不仅可以直接提高经济效益，还可以增强产品的竞争力。

【提交作业】

某大型蛋鸡场一人饲养 4 600 只蛋鸡，采用单层笼养，水槽供水，料、蛋用车拉送，日投料 560 kg，产蛋 257 kg，全人工操作。制定该工作人员日常工作程序；确定其岗位职责；制定其劳动定额，并判断其劳动额度是否可行。

【任务评价】

工作任务评价表

班 级		学 号		姓 名	
企业(基地)名称		养殖场性质		岗位任务	家禽企业的生产管理

一、评分标准

说明:考核共5项,总分100分;分值越高表明该项能力或表现越佳,综合评分为各项评分的综合。90分以上优秀,75≤分数<90良好,60≤分数<75合格,60分以下不合格。

考核项目	考核标准	得分	考核项目	考核标准	得分
综合素质(55分)			专业技能(45分)		
专业知识(15分)	掌握技术操作规程制定,日常工作程序安排等知识;掌握岗位职责的建立,劳动定额的制定依据、具体内容等专业知识。		技术操作规程的制定(20分)	根据本场生产技术标准,制定合理的操作规程,保证日常工作程序能有规律全部按时完成,对生产进行统计分析,总结经验。	
工作表现(15分)	态度端正;团队协作精神强;质量安全意识强;记录填写规范正确;按时按质完成任务。		岗位职责(15分)	岗位职责确保责、权、利分明。	
学生互评(10分)	根据小组代表发言、小组学生讨论发言、小组学生答辩及小组间互评打分情况而定。		劳动定额(5分)	劳动定额的制定标准科学合理,具体定额安排符合生产实际。	
实施成果(15分)	日常工作程序设计合理可行,岗位职责能保证生产顺利进行,劳动定额客观合理。		方案的整体性(5分)	方案整体条文清晰,简明扼要,程序合理可行。	

综合分数:______分　　优秀(　)　　良好(　)　　合格(　)　　不合格(　)

二、综合考核评语

(该学生是否掌握了该岗位的专业知识、专业技能及掌握程度,能否通过该岗位技能考核)

老师签字:

日　　期:

说明:此表由校内教师或者企业指导教师填写。

项目九

家禽卫生防疫与保健岗位技术

岗位能力

使学生具备建立禽场的生物安全体系、控制禽场环境卫生、禽病预防技术和禽病基本诊断技术和禽的检疫等岗位能力。

实训目标

生产实践中能做到及时清理、洗刷和消毒喂饮器具及场所，能制定养禽场卫生防疫制度，会对养禽场各区域采取隔离措施，知道如何防止鼠和鸟等野生动物入侵；熟练操作消毒剂的稀释与配制，会进行禽场的全面消毒，会操作与维护污染物排放设备，能对禽粪及废弃物采取物理、化学和生物性处理措施，知道如何进行病死禽的无害化处理；随时观察禽群的异常行为，发现病、弱禽个体并进行相应的投药治疗，会操作禽群驱虫工作，能确定免疫用疫苗的种类、使用方法及免疫接种操作；会实施家禽的保健措施，具备家禽常见疾病的临床诊断能力，知道发生传染病时采取哪些紧急预防措施。

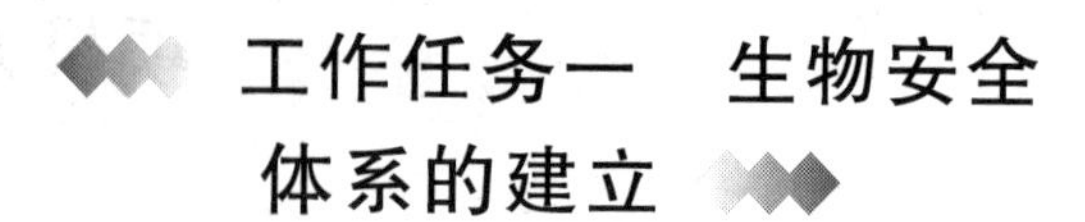

工作任务一　生物安全体系的建立

【任务描述】

禽场的生物安全体系包括禽场建设、环境控制、饲养管理、卫生消毒、免疫接种、药物预防等各个环节，有效建立可以阻止各种致病因子的侵入，防止禽群受到疫病的危害。

【任务情境】

生物安全体系就是防止病原微生物侵入家禽养殖场并阻断其在禽舍和家禽之间传播以及保障家禽健康的一整套防御体系。生物安全体系是一项系统工程，需要在养禽场建设规划时按照具体危害控制点进行全盘设计，如果顶层设计存在问题，将直接影响整个体系的落实，从而使生物安全的成效不能实现。

【任务实施】

一、禽场的设计与控制

见项目一中的工作任务二和工作任务四。

二、人员和物品流动的控制

高度重视对各类人员的管理控制，下至家禽饲养员，上至禽场管理者，甚至是来访贵宾，都必须严格执行相应规定。在生产过程中，要求不同功能区工作人员不得随意串岗串舍，严防病原体扩散传播。直接接触生产群的工作人员，要求其尽可能远离外界家禽，家里不得饲养家禽，不得从场外购买活禽和鲜蛋等产品，以防止被相关病原体污染。同时，场内明文规定严禁一切外来人员随意进入或参观场区，确有重要来访者，对其进行登记和适当隔离，并要求其进行洗手、消毒、更衣、换鞋后方能进入。

重视对物品流动的控制，加强对车辆和用具的控制。生产区内的大型机动车不能挂牌照开出生产区，仅供生产区内部使用，外来车辆一律在场区大门外停放消毒；每栋禽舍内都配备了一套齐全的小型用具，不准互相借用、挪用；生产周转用具不得在场间串用，生产区内的生产周转用具不得带出生产区，一旦带出，经严格消毒后才能重新进入生产区。此外，场内物品均遵循从较小日龄家禽流向较大日龄家禽，从饲养区转向隔离区的流动方向。

三、加强饲养管理

1. 控制禽舍环境

通过对禽舍屋顶、墙壁、门窗等合理设计和建造，以提高禽舍外墙结构的保温隔热性能，达到夏季防暑、冬季保暖的目的；通过对窗户、天窗、地窗、进气管和排气管的设计和建造，达到夏季加大自然通风量缓解热应激、冬季降低舍内气流速度，排出污浊空气，保持空气清新的目的。通过实行禽场内外环境绿化、用化学物质消除有害气体，及时清除粪便、垫草和污水等措施控制禽舍有害气体和微粒的污染。

2. 保证饲料营养卫生

根据禽体不同品种、生长阶段和季节的营养需要，提供全价配合饲料，满足禽体生长、发育、产蛋以及维持良好的免疫机能所需要的营养。注意饲料卫生，不从疫区购买饲料，每种饲料原料每次进场时要进行质量检验，控制饲料中细菌、霉菌及真菌含量不能超标，并且防止在使用过程中污染。同时要做好饲料的保管，防止被老鼠粪便污染和霉变的发生。

3. 控制水质

饮水质量不良，常会引起大肠杆菌病、巴氏杆菌病、痢疾杆菌病等消化道疾病。禽的饮用水应清洁无毒、无病原菌，符合人的饮用水标准，生产中要使用干净的自来水或深井水。选用密闭式管道乳头饮水器代替水槽，可以防止病原经饮水向禽群内扩散。饮水的净化与消毒处理是控制禽群消化道疾病的首要任务，饮水消毒剂可选氯制剂、碘制剂和复合季铵盐类等。

四、防止动物传播疾病

1. 死禽处理

每个栋舍的病死禽集中存在排风口处密闭的容器中，安排专人每天集中收集，在专用焚化炉中焚烧处理，同时对容器进行清洗消毒。不具备焚烧条件的禽场应设置安全填埋井。

2. 杀虫

禽场重要的害虫包括蚊、蝇和蜱等节肢动物的成虫、幼虫和虫卵。通过及时清除圈舍地面中的饲料残屑和垃圾以及排粪沟中的积粪，强化粪污管理和无害化处理，填埋积水坑洼，疏通排水及排污系统等措施来减少或消除昆虫的滋生地和生存条件。对昆虫聚居的墙壁缝隙、用具和垃圾等，可用火焰喷灯喷烧杀虫，用沸水或蒸汽烧烫车船、圈舍和工作人员衣物上的昆虫或虫卵，当有害昆虫聚集数量较多时，也可选用电子灭蚊、灭蝇灯具杀虫。

3. 灭鼠

禽场环境要求整洁，地面硬化，不用的器具、物品要及时清除出去，使老鼠无处藏身。禽舍建筑最好采用砖混结构，防止老鼠打洞。房舍大门要严紧，通风孔和窗户加金属网或栅栏遮挡。根据老鼠多数栖息在禽场外围隐蔽处，部分栖息在屋顶、少数在舍内打洞筑巢的生活习性，灭鼠要全面投放毒饵，实行场内外夹攻。饲料库为防止污染最好用电子捕鼠器、粘鼠板、诱鼠笼、鼠夹捕打、人工捕杀等方法捕杀老鼠。

4. 控制野鸟

在禽舍周边约 50 m 范围内只种草，不种树，减少野鸟栖息的机会。另外，搞好禽舍周边环境卫生，对撒落在禽舍周边的饲料要及时清扫干净，避免吸引野鸟飞进禽场采食。禽舍所有出入风口、前后门、窗户等，必须安装防护网，防止野鸟直接飞入禽舍内。

5.隔离

由于传染源具有持续或间歇性排出病原微生物的特性，为了防止病原体的传播，将疫情控制在最小的范围内就地扑灭，必须对传染源进行严格的隔离、单独饲养和管理。传染病发生后，兽医人员应深入现场，查明疫病在群体中的分布状态，立即隔离发病动物群，并对其污染的圈舍进行严格消毒处理。同时应尽快确诊并按照诊断的结果和传染病的性质，确定将要进一步采取的措施。

【提交作业】

禽场生物安全体系的建立包括哪些环节？

【任务评价】

工作任务评价表

班级		学号		姓名	
企业(基地)名称		养殖场性质		岗位任务	生物安全体系的建立

一、评分标准

说明：考核共5项，总分100分；分值越高表明该项能力或表现越佳，综合评分为各项评分的综合。90分以上优秀，75≤分数＜90良好，60≤分数＜75合格，60分以下不合格。

考核项目	考核标准	得分	考核项目	考核标准	得分
综合素质(55分)			专业技能(45分)		
专业知识(15分)	禽场生物安全体系的含义；禽场的区域隔离措施；家禽的饲养管理知识；禽场的卫生防疫知识。		禽场的设计与控制(20分)	禽场的场址选择正确；禽场的设计与布局合理；会操作禽舍的设备与维护；禽场的环境控制到位。	

续表

考核项目	考核标准	得分	考核项目	考核标准	得分
综合素质(55分)			专业技能(45分)		
工作表现(15分)	态度端正;团队协作精神强;质量安全意识强;记录填写规范正确;按时按质完成任务。		人员和物品流动的控制(15分)	能制定养禽场卫生防疫制度;控制人员流动;控制工具的流动;会进行场内设施的消毒。	
学生互评(10分)	根据小组代表发言、小组学生讨论发言、小组学生答辩及小组间互评打分情况而定。		家禽的饲养管理(5分)	控制禽舍的环境卫生;进行饲料的科学保管;控制饲料的质量;保证饲料和饮水的卫生。	
实施成果(15分)	生物安全体系的含义理解准确;建立的体系各环节全面、系统;可操作性强、效果明显。		防止动物传播疾病(5分)	对禽场各区域采取隔离措施;防止鼠和鸟等野生动物污染饲料和饮水。	
综合分数:______分　优秀(　)　良好(　)　合格(　)　不合格(　)					
二、综合考核评语 (该学生是否掌握了该岗位的专业知识、专业技能及掌握程度,能否通过该岗位技能考核) 老师签字: 日　　期:					

说明:此表由校内教师或者企业指导教师填写。

工作任务二　禽场的卫生控制

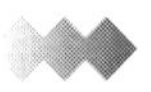

【任务描述】

选择合适的消毒方法和消毒剂,采用不同的消毒设施,对禽场环境、人员车辆、空禽舍、带禽、饮水、死禽及粪便的处理等进行全面消毒,确保环境无污染。

【任务情境】

控制禽场的环境卫生,制定相应的消毒制度;根据消毒对象、病原体选择合适的消毒方法；根据实际情况选择合适的消毒药；会使用各类消毒设施设备；做好禽场粪便及废弃物的有效处理；对禽舍、场地、用具、饮水等进行定期消毒，消除或减少病原体在周围环境的聚集，达到预防传染病的目的。

【任务实施】

子任务一　消毒技术

一、消毒剂的配制

1.配制前的准备

应备好配药时常用的量筒、台秤、搅拌棒、盛药容器（最好是塑料或搪瓷等拒腐蚀制品）、温度计、橡皮手套等。

2.配制要求

所需药品应准确称量。配制浓度应符合消毒要求，不得随意加大或减少。使药品完全溶解，混合均匀。先将稀释药品所需要的水倒入配药容器（盆、桶或缸）中，再将已称量的药品倒入水中混合均匀或完全溶解即成待用消毒液。同时在配置过程中注意以下问题：①某些消毒药品（如生石灰）遇水会产生高温，应在搪瓷桶、盆或铁锅中配制为宜。②对有腐蚀性的消毒药品（如氢氧化钠）在配制时，应戴橡胶手套操作，严禁用手直接接触，以免灼伤。③对配制好的有腐蚀性的消毒液，应选择塑料或搪瓷桶、盆中储存备用。严禁储存于金属容器中，避免损坏容器。④大多数消毒液不易久存，应现用现配。

3.常用消毒液的配制

（1）3％来苏儿的配制　取来苏儿 3 份，放入容器内，加清水 97 份，混合均匀即成。

（2）2％氢氧化钠的配制　称取 20 g 氢氧化钠，装入容器内，加入适量蒸馏水（最好加热后冷却到 60～70℃），搅拌使其溶解，再加水至1 000 mL，即得。

(3)熟石灰的配制　称取生石灰(氧化钙)1 kg，装入容器内，加水350 mL，生成粉末状即为熟石灰。

(4)20%石灰乳的配制　先称取1 kg生石灰，装入容器内，将350 mL水缓慢加入生石灰内，稍停，使石灰变为粉状的熟石灰时，再加入余下的4 650 mL水，搅匀即成20%石灰乳。亦可称取1 kg熟石灰，加入5 kg水，搅拌混匀即成。配制时最好用陶瓷缸或木桶等。

(5)30%草木灰水的配制　用新鲜干燥、筛过的草木灰30 kg，加水100 kg，煮沸20～30 min(边煮边搅拌)，去渣即可。

(6)漂白粉乳剂及澄清液的配制　先将漂白粉用少量水制成糊状，再按所需浓度加入全部水。称取漂白粉(含有效氯25%)200 g置于容器中，加入水1 000 mL，混匀所得悬液即为20%漂白粉乳剂；将配制的20%漂白粉乳剂静置一段时间，上清液即为20%漂白粉澄清液，使用时稀释成所需浓度。

(7)75%酒精溶液的配制　量取95%医用酒精789.5 mL，加纯化水稀释至1 000 mL，即为75%酒精，配制完成后密闭保存。

(8)2%碘酊的配制　称取碘化钾15 g于量杯内，加纯化水20 mL溶解后，再加入碘片20 g及95%医用酒精500 mL，搅拌使其充分溶解，再加入纯化水至1 000 mL，搅匀，滤过，即为2%碘酊。

(9)0.1%高锰酸钾的配制　称取1 g高锰酸钾，装入容器内，加水1 000 mL，使其充分溶解即成。

(10)碘甘油的配制　称取碘化钾10 g，加入10 mL纯化水溶解后，再加碘10 g，搅拌使其充分溶解后，加入甘油至1 000 mL，搅匀即得。

二、场内外消毒的实施

1.养殖场入口消毒

(1)车辆消毒池　生产区入口必须设置车辆消毒池，车辆消毒池的长度为4 m，与门同宽，深0.3 m以上，消毒池上方最好建有顶棚，防止日晒雨淋。消毒池内放入2%～4%的氢氧化钠溶液，每周更换3次。有条件的可在生产区出入口处设置喷雾装置，喷雾消毒液可采用0.1%百毒杀溶液、0.1%新洁尔灭或0.5%过氧乙酸。

(2)消毒室　场区门口要设置消毒室，人员和用具进入要消毒。消毒室内安装紫外线灯(1～2 W/m^3 空间)；有脚踏消毒池，内放2%～5%的氢氧化钠溶液。进入人员要换鞋、工作服等，如有条件，可以设置淋浴设备，洗澡后方可入内。

2.场区环境消毒

平时应做好场区环境的卫生工作，定期使用高压水洗净路面和其他硬化的场所，每月对场区环境进行一次环境消毒。进禽前对禽舍周围5 m以内的地面用0.2%～0.3%过氧乙酸，或使用5%的火碱溶液进行彻底喷洒；道路使用3%～5%的火碱溶液喷洒；用3%火碱(笼养)或百毒杀、益康喷洒消毒。禽场周围环境保持清洁卫生，不乱堆放垃圾和污物，道路每天要清扫。

3.禽舍门口消毒

每栋禽舍门前也要设置脚踏消毒槽(消毒槽内放置5%火碱溶液)，进出禽舍最好换穿不同的专用橡胶长靴，在消毒槽中浸泡1 min，并进行洗手消毒，穿上消毒过的工作衣，戴上工作帽后方可进入。

4.空舍消毒

任何类型的养禽场，其场舍在启用及下次使用之前，必须空出一定时间(15～30 d或更长时间)。按以下工作顺序进行全面彻底消毒后,方可正常启用。

(1)机械清扫　对空舍顶棚、天花板、风扇、通风口、墙壁、地面彻底打扫,将垃圾、粪便、垫草、羽毛和其他各种污物全部清除,定点堆放烧毁并配合生物热消毒处理。

(2)净水冲洗　料槽、水槽、围栏、笼具、网床等设施采用动力喷雾器或高压水枪进行常水洗净,洗净按照从上至下、从里至外的顺序进行。对较脏的地方,可事先进行刮除,要注意对角落、缝隙、设施背面的冲洗,做到不留死角。最后冲洗地面、走道、粪槽等,待干后用化学法消毒。

(3)药物喷洒　常用3%～5%来苏儿、0.2%～0.5%过氧乙酸、20%石灰乳、5%～20%漂白粉等喷洒消毒。由内向外进行喷雾消毒,作用时间应不少于60 min。必要时,对耐燃物品还可使用酒精喷灯或煤油喷灯进行火焰消毒。

(4)熏蒸消毒　在进鸡的前5～7 d,将清洗消毒好的饮水器、料盘、料桶、垫料、鸡笼等各种饲养用具搬进鸡舍进行熏蒸消毒。室温保持在20℃以上,相对湿度在70%～90%,密闭鸡舍。常用福尔马林熏蒸,用量为28 mL/m^3,密闭1～2周,或按每立方米空间25 mL福尔马林、12.5 mL水、12.5 g高锰酸钾的比例进行熏蒸,消毒时间为24 h。

5.带禽消毒

带禽消毒常用喷雾消毒法,将消毒药液雾化后,喷到禽体表上,以杀灭和减少体表和舍内空气中的病原微生物。常用的药物有0.2%～0.3%过氧乙酸,也可用0.2%的次氯酸钠溶液或0.1%新洁尔灭溶液。药液用量为60～240 mL/m^2,以地面、墙壁、天花板均匀湿润和禽体表略湿为宜。喷雾粒子以80～100 μm,喷雾距离以1～2 m为最好。消毒时从禽舍的一端开始,边喷雾边匀速走动,使舍内各处喷雾量均匀。本消毒方法全年均可使用,一般情况下每周消毒1～2次,春秋疫情常发季节,每周消毒3次，在有疫情发生时，每天消毒1～2次。带禽消毒时可以将3～5种消毒药交替进行使用。

子任务二　禽粪及废弃物的处理

一、家禽粪便的物理处理

通过日光自然干燥、高温快速干燥和烘干膨化处理等方法，对家禽粪便进行干燥处理，处理后可作为饲料或肥料，进行粪便的有机利用。

二、禽粪及废弃物的化学处理

化学处理法是对恶性或对人有危害的某些传染病的禽粪处理法，即将粪填入坑内，再加水和适量化学药品，如2%来苏儿（煤酚皂溶液）、漂白粉或3%甲醛（福尔马林）、20%石灰乳等，使消毒剂浸透均匀后，填土长期封存。主要用于小规模的禽场，对于患了烈性传染病的尸体不宜用此法。在掩埋病死禽尸体时，应注意选择远离住宅、水源及道路的僻静地方；土质干燥、地下水位低，并避开水流、山洪的冲刷；掩埋坑的深度不得小于1.5～2 m；掩埋前，在坑底铺上2～5 cm的石灰，病死禽投入后再撒上一层石灰，填土夯实。

三、禽粪及废弃物的生物学处理

禽粪中有好热性细菌，经堆积封闭后，可产生热量，使内部温度达到80℃左右，从而杀死病原微生物和寄生虫卵，达到无害化处理的目的。生物学处理法是目前小型养禽场处理病死禽的最佳途径，经济实用，若设计合理，管理得当，不会对地下水及空气造成污染。此方法可与鸡粪、垫料一起进行堆肥处理。

1. 建造堆肥设施

按1 000只种鸡的规模，建造高2.5 m、宽3.7 m的堆肥池，至少分隔为两个隔间,每个隔间不得超过 3.4 m^2。地面为混凝土结构,屋顶要防雨,边墙用 5 m×20 m 的厚木板制作,即可以承受肥料的重量压力,又可使空气进入肥料之中使需氧微生物产生发酵作用。

2. 堆肥的操作方法

在堆肥设施的底部铺放一层 15 cm 厚的禽舍地面垫料,再铺上一层 15 cm 厚的棚架垫料,在垫料中挖出 13 cm 深的槽沟,再放入 8 cm 厚的干净垫料,将死禽顺着槽沟排放,但四周要离墙板边缘 15 cm,将水喷洒在禽体上,再覆盖 13 cm 部分地面垫料和部分未使用过的垫料。堆肥过程在 30 d 内全部完成,可有效地将昆虫、细菌和病原体杀灭。堆肥后的物质可用于改良土壤的材料或肥料。

四、病死禽的无害化处理

家禽尸体能很快地分解、腐败、散发恶臭,不但污染环境,还可能传播疾病,如果处理不当,会成为传染病的污染源,威胁家禽群健康。合理而安全地处理病死禽,对于防止禽场传染病发生和维护公共卫生都有重大意义。一般采用深埋或者焚烧法。焚烧法是杀灭病原菌最彻底的方法,避免了地下水的污染,但要消耗大量燃料,成本较高,而且在焚烧时易造成对空气的污染,烈性传染病死亡禽只最好用此法。方法是挖一个长 2.5 m、宽 1.5 m、深 0.7 m 的焚尸坑,坑底放上木柴,在木柴上倒上煤油,病死禽尸体放上后再倒煤油,最后点火,一直到禽尸体烧成黑炭样为止,焚烧后就地埋入坑内。还可用专用的焚尸炉或锅炉进行焚烧。

【提交作业】

参与校内生产性实训基地或者校外养禽场场内外的消毒工作,熟悉各种消毒设施、消毒场所,选用合适的消毒剂,按照使用说明书进行相关消毒液的配制,实施不同对象的消毒工作,并完成表 9-2-1，消毒结束后讨论本次消毒效果是否理想，分析造成如此结果的原因。

表 9-2-1　消毒液的配制

消毒对象	
消毒方法	
消毒液名称及浓度	
消毒药品的计算	面积(体积)：　　m^2(m^3) 消毒药品用量：
配制方法	
注意事项	

【任务评价】

工作任务评价表

班 级	.	学 号		姓 名	
企业(基地)名称		养殖场性 质		岗位任务	禽场的卫生控制

一、评分标准

说明：考核共 5 项，总分 100 分；分值越高表明该项能力或表现越佳，综合评分为各项评分的综合。90 分以上优秀，75≤分数＜90 良好，60≤分数＜75 合格，60 分以下不合格。

考核项目	考核标准	得分	考核项目	考核标准	得分
综合素质(55 分)			专业技能(45 分)		
专业知识(15 分)	养禽场常用的消毒方法；常用消毒器具的使用；消毒剂的种类和原理；禽粪及废弃物的处理。		禽场的消毒(20 分)	会制定消毒制度；消毒方法选择合适；消毒药选用合理；会使用消毒设施；会对禽舍、场地、用具、饮水等进行定期消毒。	

续表

考核项目	考核标准	得分	考核项目	考核标准	得分
综合素质(55分)			专业技能(45分)		
工作表现(15分)	态度端正;团队协作精神强;质量安全意识强;记录填写规范正确;按时按质完成任务。		消毒效果(5分)	消毒液配制准确;消毒步骤正确;消毒效果明显。	
学生互评(10分)	根据小组代表发言、小组学生讨论发言、小组学生答辩及小组间互评打分情况而定。		禽粪及废弃物处理(15分)	做好禽场粪便及废弃物的物理处理、化学处理和生物学处理;消除或减少病原体在周围环境的聚集。	
实施成果(15分)	消毒设施使用熟练;消毒剂选用合适;采用正确的消毒方法;消毒液配制正确;消毒效果明显;禽粪及废弃物处理得当。		病死禽处理(5分)	会进行病死禽尸体的无害化处理。	
综合分数:______分　优秀(　)　良好(　)　合格(　)　不合格(　)					

二、综合考核评语

(该学生是否掌握了该岗位的专业知识、专业技能及掌握程度,能否通过该岗位技能考核)

老师签字:

日　　期:

说明:此表由校内教师或者企业指导教师填写。

工作任务三　禽的保健技术

【任务描述】

知道家禽传染病的紧急预防措施,能按照免疫程序进行免疫接种工作的组织,挑出病、弱家禽隔离并进行驱虫预防和投药治疗。

【任务情境】

养禽生产中应注重加强饲养管理，减少应激反应，增强家禽抗病能力。免疫接种疫苗是预防禽病的关键措施，可以结合本地实际制定科学的免疫程序，选择优质疫苗，按最佳免疫途径实行定期预防免疫接种，增强机体免疫力。采取定期全群驱虫手段，减少家禽体内外寄生虫病的发生，确保禽体健康无病。

【任务实施】

子任务一　免疫接种技术

一、免疫接种工作的组织

(1)编制免疫接种登记表册，安排及组织接种和保定人员，按不同饲养目的、不同饲养阶段的参考免疫程序，结合当地的实际情况制定适合本场的免疫程序，有计划地进行免疫接种。

(2)做好免疫接种前的器械清洗、器械调试和器械消毒准备工作。

(3)免疫接种人员剪短手指甲，用肥皂、消毒液洗手，再用75％酒精消毒手指；穿工作服、胶靴，戴乳胶手套、口罩、帽等。

(4)接种前应对预定接种的家禽进行详细了解和检查，注意家禽的营养和健康状况。

二、疫苗使用前的检查

(1)检查瓶签　包括疫苗名称、批准文号、生产批号、出厂日期、有效期、生产厂家等。

(2)检查有效期　疫苗的有效期是指在规定的贮藏条件下能够保持质量的期限。疫苗的失效期是指疫苗超过安全有效范围的日期。

(3)检查物理性状　色泽改变、发生沉淀、破乳或超过规定量的分层、制剂内有异物或不溶凝块、发霉和异味等不可使用。

(4)检查包装　疫苗瓶破裂、瓶盖或瓶塞密封不严或松动、失真空的不可使用。

(5)检查保存方法　没有按规定方法保存的不可使用，如加氢氧化铝的死菌苗经过冻结后，其免疫力可降低。

经过检查，确实不能使用的疫苗，应立即废弃，不能与可用的疫苗混放在一起，决定废弃的弱毒疫苗应煮沸消毒或予以深埋。

三、疫苗的稀释

(1)经检查合格的疫苗，按疫苗使用说明书要求进行稀释，同时了解疫苗的用法、用量和使用注意事项等。

(2)用酒精棉球消毒瓶塞。稀释液无特殊规定时，用注射用水或生理盐水稀释。

(3)吸取疫苗。轻轻振摇稀释瓶，使疫苗混合均匀。用75%酒精棉球消毒稀释瓶瓶塞。将注射器针头刺入稀释瓶疫苗液面下，吸取疫苗。

四、疫苗接种方法

1.群体免疫

(1)饮水免疫法　通过饮水接种获得保护的疾病主要有传染性法氏囊病、新城疫、传染性支气管炎、传染性喉气管炎及禽脑脊髓炎等。饮水免疫时，每1 000羽份的疫苗剂量，给5～15日龄的雏鸡饮用时，用10～20 kg水稀释；给16～30日龄的鸡饮用时，用20～30 kg水稀释；给31～60日龄的鸡饮用时，用30～35 kg水稀释；给60日龄以上的鸡饮用，用约80 kg水稀释。饮水免疫前鸡群要停水3～4 h，稀释的疫苗最好在2 h以内饮用。

(2)喷雾免疫法　此法适用于鸡新城疫Ⅲ系、Ⅳ系弱毒苗，传染性支气管炎弱毒苗等。用疫苗接种专用的喷雾器或用能够迅速而均匀地喷射小雾滴的雾化器，将疫苗均匀地喷向相应数量的鸡只，使整个鸡舍的雾滴均匀分布。要严格控制雾滴大小，雏鸡的雾滴应大些，直径为 30～100 μm，成鸡为 5～30 μm。喷雾期间应关闭鸡舍所有门窗和通风设备，停止喷雾后 20～30 min 才可开启门窗启动风扇。喷雾时鸡舍内最适宜的温度是 15～20℃，相对湿度一般要求在 70%左右为宜。

2. 个体免疫

（1）滴鼻、点眼法　鸡新城疫Ⅱ、Ⅲ、Ⅳ系疫苗，传染性支气管炎疫苗及传染性喉气管炎弱毒疫苗，经滴鼻、点眼免疫效果较好。为使操作准确无误，一手一次只能抓一只鸡，不能一手同时抓几只鸡，在滴入疫苗之前，应把鸡的头颈摆成水平的位置（一侧眼鼻朝天，另一侧眼鼻朝地），并用一只手指按住向地面的一侧鼻孔。接种时，用清洁的吸管在每只鸡的一侧眼睛和鼻孔内分别滴 1 滴稀释的疫苗液，稍停片刻，当滴入眼结膜和鼻孔的疫苗吸入后再将鸡轻轻放开。

（2）皮下注射法和肌肉注射法　皮下注射的部位一般选在颈部背侧，针头方向应向后向下，与颈部纵轴平行。注射时用食指和拇指将雏鸡的颈背部皮肤捏起呈三角形，沿着该三角的下部刺入针头注射。肌肉注射部位一般选在胸肌或肩关节附近的肌肉丰满处，针头方向应与胸腔平行，切忌垂直刺入胸肌，以免穿破胸腔损伤内脏；腿部肌肉注射时，针头应朝鸡体方向在外侧腿肌刺入，应避免刺伤腿部的血管、神经、骨骼；翅膀肌肉注射时，用手提起鸡的翅膀，针头应朝鸡体的方向刺入翅膀内的肌肉。

（3）刺种免疫法　此法主要用于鸡痘疫苗的接种。操作时，将 1 000 羽份的鸡痘疫苗用 5～6 mL 灭菌生理盐水稀释，混匀后用清洁的蘸笔尖或接种针蘸取疫苗稀释液，将针尖刺进鸡翅膀内侧的无血管的三角区处。一般小鸡刺 1 针，较大的鸡刺 2 针。接种后 1 周左右若见刺种部位的皮肤上产生绿豆大小的小疱，以后干燥结痂，说明接种成功，否则需要重新刺种。

(4)滴肛或擦肛　滴肛或擦肛免疫目前只用于强毒型传染性喉气管炎疫苗。在对发病鸡群进行紧急预防接种时，可将1 000羽份的疫苗稀释于25～30 mL生理盐水中(或按产品说明书稀释)，可将鸡抓起，头向下肛门向上，翻出黏膜，滴一滴疫苗，或用接种刷(小毛笔或棉拭子)蘸取疫苗在肛门黏膜上刷动3～4次。接种3～5 d应检查有无反应(反应是指泄殖腔外唇呈炎性肿胀)。如无反应应立即重新接种。接种后第9天即可产生坚强免疫力。

五、建立免疫档案

免疫档案内容包括：家禽养殖场名称、地址、家禽种类、数量、免疫日期、疫苗名称、疫苗生产厂、批号(有效期)、免疫方法、免疫剂量、家禽养殖代码、家禽标识顺序号、免疫人员、用药记录以及备注(记录本次免疫中未免疫家禽)等。免疫档案保存时间，家禽为2年，种禽长期保存。每次接种结束后工作人员要完成表9-3-1。

表9-3-1　疫苗的使用

疫苗名称	
疫苗保存及运送方法	
疫苗检查	瓶签： 有效期： 物理性状： 包装： 保存方法： 经检查该疫苗能否使用：能(　)　否(　)
疫苗稀释	稀释倍数： 稀释步骤：
免疫接种	接种对象： 接种方法：
免疫后观察	

子任务二　投药驱虫技术

一、群体给药途径

1. 混饲给药

将药物均匀地混入饲料中，让禽群在采食的同时摄入药物。在现代集约化养禽业中，混饲给药是常用的一种群体给药途径，该法简单易行，节省人力，减少应激，效果可靠，适用于不溶于水，或适口性较差，或需要长期性投服的药物。抗球虫药及抗组织滴虫药，只有在一定时间内连续使用才有效，因此多采用拌料给药。抗生素用于促进生长及控制某些传染病时，也可混于饲料中给药。

2. 混饮给药

混饮给药是将药物溶于少量饮水中，让禽只短时间内饮完，或把药物稀释到一定浓度，让禽只全天自由饮用的方法。这是养禽场常用预防和治疗疾病的给药方法，简便易行，药物易混合均匀，特别适用于家禽因生病不能采食饲料但还能饮水的情况。不溶于水的药物不能使用混饮给药。在水中不易破坏的药物，可以让家禽全天自由饮完，反之，在用药前应停水 2～4 h，然后供给含药的饮水，最好在 1 h 内饮完，以保证药效。

3. 气雾给药

气雾用药是将配制好的药物通过一定的气雾发生器，使之形成一定大小的雾滴，禽只通过呼吸吸入或作用于皮肤表面的一种给药方法。由于家禽具有丰富的气囊，肺泡面积大，此法给药吸收快，在全身起效快，并兼有全身和局部作用，主要用于防止呼吸道疾病。气雾投药时应注意：应选择对禽只的呼吸道无刺激，且能溶解于禽呼吸道分泌物中的药物；喷雾的雾滴大小要适当，雾滴直径 80～12 mm 为宜，粒度过细或过粗都会降低吸收率；药物剂量应选择适合的浓度；气雾投药期间禽舍应密闭，保证禽只均匀地得到规定的剂量。

二、个体给药途径

常用的方法是口服法和肌内注射法。

1. 口服法

口服法适用于驱除体内寄生虫及对小群家禽或者对隔离病禽的个体治疗，也适合较珍贵的禽只。给药时把片剂或胶囊经口投入食道的上端，或用带有软塑料管的注射器把药物经口注入禽的嗉囊内。

2. 肌内注射法

肌内注射吸收速度快，药效迅速、稳定，注射部位多选择胸部肌肉和腿部外侧肌肉；皮下注射常选择在颈部皮下或腿内侧皮下。肌内注射一般每天两次，费时费力。

三、禽群的驱虫

1. 预防性驱虫

或叫计划性驱虫，是在家禽群中发现了寄生虫，但还没有出现明显的症状时，或引起严重损失之前，定期驱虫。

(1)家禽体内的寄生虫包括绦虫、吸虫、线虫等在内的寄生蠕虫；球虫、组织滴虫和住白细胞虫等在内的寄生原虫。家禽体表的寄生虫寄生在家禽的皮肤和羽毛上，包括永久性寄生的羽虱、羽螨和膝螨等以及暂时性寄生的蚊、蝇、蜱、蠓、蚋等。不同种类的寄生虫应选用相应的高效低毒的驱虫药。如家禽感染赖利绦虫或感染东方次睾吸虫，常选用丙硫苯咪唑和吡喹酮。驱杀禽体外寄生虫，常用胺菊酯、溴氢菊酯、苄呋菊酯或敌百虫溶液等驱虫剂对禽群体表进行喷雾或药浴。

(2)禽群驱虫宜早不宜迟,要在出现症状前驱虫。对于寄生蠕虫,在正常情况下,放养的草鸡群宜2个月驱1次虫。各类寄生虫的驱虫时间应根据其传播规律和流行季节来确定,通常在发病季节前对禽群进行预防性驱虫。如球虫病,其发病季节与气温、湿度密切相关,流行季节为4～10月份,其中以5～9月份发病率最高,在这期间饲养雏鸡尤其要注意球虫病的预防。对暂时性寄生的蚊、蝇、蜱、蠓、蚋等,由于它们白天栖息在禽舍或窝棚的角落里以及禽舍或窝棚外面的草丛中,因此,除了用驱虫剂对体表喷雾,还应对禽舍或窝棚的周围环境进行喷雾驱杀。

(3)在配制驱虫药时,要根据当地的具体情况,确定驱虫的适当时机,并在生产实践中将它作为一种固定的措施加以执行。在组织大规模定期驱虫工作时,应先做小群试验,在取得经验后,再全面展开,以防用药不当,引起中毒死亡。

2.治疗性驱虫

不仅可以消灭鸡、鸭、鹅体内和体表的寄生虫,解除危害,使得患病家禽早日康复,而且消灭了病原,对健康家禽也起到了预防作用。如果同时采取一些对症治疗和加强护理的措施,效果将会更好。

【知识链接】

传染病的紧急预防

1.报告疫情与隔离

发生国家规定的法定传染病时应迅速向上级主管部门报告疫情。在未作出诊断之前,应将可疑传染病禽进行隔离,对病禽停留过的地方和污染环境、用具等进行消毒,未经兽医同意不能随意急宰。确定发生家禽传染病时,要及时进行检疫、隔离和消毒。根据检疫结果确定的患病家禽、疑似感染家禽和假定健康家禽分别隔离处理。对病死禽应焚烧或深埋,对粪便无害化处理。

2. 扑杀病禽与封锁疫区

当暴发国家规定的一类传染病或重大传染病时,当地兽医卫生人员应立即报请当地政府,划定疫点、疫区和受威胁区范围,封锁疫区,按国家规定对疫点、疫区内的家禽进行全部扑杀,对家禽及产品、污染物等实施消毒和无害化处理,对疫区、受威胁区家禽进行紧急免疫接种,建立免疫带。

3. 加强家禽传染病疫情监测

要加强对一些重大传染病的检疫和抗体检测,如禽流感、新城疫等,做到防患于未然。加强对禽病抗体监测和疾病诊断应准确、简便、快速。不同的传染病有不同的诊断方法,强调高新技术与常规诊断方法相结合防治家禽传染病。

4. 病死禽污染物的消毒

被病禽的排泄物和分泌物污染的地面土壤,可用 5%～10% 漂白粉溶液、百毒杀或 10%氢氧化钠溶液消毒。暴发过传染病禽舍,首先用 10%～20%漂白粉乳剂或 5%～10%优氯净喷洒地面,然后掘出表层 30 cm 左右的土壤,撒上漂白粉并与土混合,将此表土运出掩埋,运输时车辆不允许漏土。不方便运出表土时,则应加大漂白粉的用量,将漂白粉与土混合,加水湿润后原地压平。

【提交作业】

某农户,饲养蛋鸡 5 000 羽。3 日龄免疫接种球虫病疫苗,27 日龄发现少数鸡神差毛乱,出现少量血便。禽主以为是疫苗正常反应,没有在意。次日病鸡增多,死亡 13 羽。剖检和镜检结果确诊为鸡球虫病。经治疗,5 d 后死亡停止,共死亡 126 羽。禽主很迷惑,为什么免疫后仍发生球虫病?

【任务评价】

工作任务评价表

班级		学号		姓名	
企业(基地)名称		养殖场性质		岗位任务	禽的保健技术

一、评分标准

说明:考核共5项,总分100分;分值越高表明该项能力或表现越佳,综合评分为各项评分的综合。90分以上优秀,75≤分数<90良好,60≤分数<75合格,60分以下不合格。

考核项目	考核标准	得分	考核项目	考核标准	得分
综合素质(55分)			专业技能(45分)		
专业知识(15分)	家禽传染病的紧急预防措施;家禽的免疫程序;疫苗接种方法;家禽投药方法;家禽驱虫方法。		免疫接种技术(20分)	免疫接种工作组织有序;疫苗使用前注意检查;疫苗稀释正确;接种方法得当;建立免疫档案。	
工作表现(15分)	态度端正;团队协作精神强;质量安全意识强;记录填写规范正确;按时按质完成任务。		投药驱虫技术(10分)	会组织家禽的全群驱虫;能挑出病、弱家禽隔离;会进行投药治疗。	
学生互评(10分)	根据小组代表发言、小组学生讨论发言、小组学生答辩及小组间互评打分情况而定。		免疫程序(5分)	熟悉各种禽类的免疫程序;熟悉各种疫苗及使用方法。	
实施成果(15分)	会按照免疫程序进行免疫接种工作的组织;挑出病、弱家禽隔离并进行驱虫预防和投药治疗。		传染病的紧急预防(10分)	知道家禽传染病的紧急预防措施;报告疫情;会隔离病禽和封锁疫区;会进行病死禽污染物的消毒。	

综合分数:______分　优秀(　)　良好(　)　合格(　)　不合格(　)

二、综合考核评语

(该学生是否掌握了该岗位的专业知识、专业技能及掌握程度,能否通过该岗位技能考核)

老师签字:

日　　期:

说明:此表由校内教师或者企业指导教师填写。

工作任务四　禽病诊断技术

【任务描述】

根据病禽的临床表现，运用常见禽病诊治技术进行家禽常见疾病的诊断和预防，制定禽场卫生防疫制度，会进行禽的检疫，减少生产中对家禽造成应激反应的饲养管理因素。

【任务情境】

禽病诊断从内容上来讲，主要包括病情检查、病史和疫情调查、临床检查和病理剖检等方面；从方法和步骤上来讲，禽病诊断为一问、二看、三检查、四诊断。诊断的目的在于及早查清禽得的是什么病，为什么会发生这种病，同时确定病情的轻重，为治疗禽病提供依据。只有做到正确、及时的诊断，才能对症下药、合理用药，从而获得良好的治疗效果。

【任务实施】

一、病情调查

同熟悉情况的饲养员详细询问病史、饲养管理和治疗情况，查阅有关饲养管理和疾病防治的资料、记录和档案，并做好流行病学调查，饲料情况调查，用药情况调查等(表 9-4-1)。

表 9-4-1　家禽病情调查

调查项目	调查内容
发病时间	询问家禽何时生病、病了几天，如果发病突然，病程短急，可能是急性传染病或中毒病，如果发病时间较长则可能是慢性病。
发病数量	病禽数量少或零星发病，则可能是慢性病或普通病，病禽数量多或同时发病，可能是传染病或中毒性疾病。
生产性能	对肉禽只了解其生长速度，增重情况及均匀度，对产蛋鸡应观察产蛋率，蛋重，蛋壳质量，蛋壳颜色等。

续表 9-4-1

调查项目	调查内容
发病日龄	禽群发病日龄不同，可提示不同疾病的发生： (1)各种年龄的家禽均发，且发病率和死亡率都较高，可提示新城疫、禽流感、鸭瘟及中毒病。 (2)1月龄内雏禽大批发病死亡，可能是沙门氏菌、大肠杆菌、法氏囊炎、肾传支等，如果伴有严重呼吸道症状可能是传支、慢性呼吸道病、新城疫、禽流感等。 (3)若雏鸭大批死亡，多为鸭病毒性肝炎、沙门氏菌感染，成年鸭大批发病多为鸭瘟、流感、禽霍乱或鸭传染性浆膜炎等。 (4)若雏鹅大批发病，多为小鹅瘟、球虫病、副黏病毒感染，成鹅大批发病，多为大肠杆菌引起的卵黄性腹膜炎、流感或霍乱等。
饲养管理	发病前后采食，饮水情况，禽舍内通风及卫生状况等是否良好。
用药情况	若用抗生素类药物治疗后症状减轻或迅速停止死亡，可提示细菌性疾病，若用抗生素药无效，可能是病毒性疾病或中毒性疾病或代谢病。
流行病学	对可疑是传染性疾病的，除进行一般调查外，还要进行流行病学调查，包括现有症状，既往病史，疫情调查，平时防疫措施落实情况等。
饲料情况	对可疑营养缺乏的禽群要对饲料进行检查，重点检查饲料中能量，粗蛋白、钙、磷等情况，必要时对各种维生素、微量元素和氨基酸等进行成分分析。
中毒情况	若饲喂后短时间内大批发病，个体大的禽只发病早、死亡多，个体小的禽只发病晚、死亡少，可怀疑是中毒病。要对禽群用药进行调查，了解用何种药物，用量，药物使用时间和方法，是否有投毒可能，舍内是否有煤气，饲料是否发霉等。

二、病史和疫情调查(表 9-4-2)

表 9-4-2　禽场病史和疫情调查

调查项目	调查内容
既往病史	过去发生过什么重大疫情，有无类似疾病发生其经过及结果如何等情况，借以分析本次发病和过去发病的关系。如过去发生大肠杆菌、新城疫，而未对禽舍进行彻底的消毒，禽也未进行预防注射，可考虑旧病复发。

续表 9-4-2

调查项目	调查内容
附近的家禽养殖场的疫情	调查附近家禽场(户)是否有与本场相似的疫情,若有可考虑空气传播性传染病,如新城疫、流感、鸡传染性支气管炎等。若禽场饲养有两种以上禽类,单一禽种发病,则提示为该禽的特有传染病,若所有家禽都发病,则提示为家禽共患的传染病,如霍乱、流感等。
引种情况	有许多疾病是引进种禽(蛋)传递的,如鸡白痢、霉形体病、禽脑脊髓炎等。进行引种情况调查可为本地区疫病的诊断线索。若新进带菌、带病毒的种禽与本地禽群混合饲养,常引起新的传染病暴发。
防疫措施落实情况	了解禽群发病前后采用何种免疫方法、使用何种疫苗。通过询问和调查,可获得许多对诊断有帮助的第一手资料,有利于做出正确诊断。

三、临床检查

1. 群体检查

在鸡舍内一角或外侧直接观察,也可以进入禽舍对整个禽群进行检查。因为禽类是一个相对敏感的动物,特别是山鸡、鸡。因此应慢慢进入禽舍,以防止惊扰禽群。检查群体主要观察禽群精神状态、运动状态、采食、饮水、粪便、呼吸、生长发育以及生产性能等。

2. 个体检查

通过群体检查选出具有特征病变的个体进一步做个体检查,主要包括体温检查、冠髯检查、鼻腔检查、眼部检查、脸部检查、口腔检查、嗉囊检查、皮肤及羽毛检查、胸部检查、腹部检查、泄殖腔检查,通过查看相关部位是否有异常情况,对照其临床表现初步判断家禽可能患上的疾病。

四、病理剖检

检查病变既要全面又要有重点。观察的内容包括肌肉组织、肝脏、气囊、泌尿系统、生殖系统、消化系统、呼吸系统、心脏等内脏器官的位置、大小、形状、颜色、光滑度和质地变化，并将检查结果一一记录，对重点检查部位的病变还应绘制出简图，以便结合临床症状进行分析综合。

【知识链接】

禽的检疫

1. 入场验收

当家禽运到屠宰加工企业以后，动物检疫人员应先向押运员索取家禽产地动物防疫监督机构签发的检疫证明，了解产地有无疫情和途中病死情况，并仔细查看禽群，核对家禽的种类和数量。如无检疫证明或检疫证明超过有效期(3 d)，或证物不符以及发现有病死家禽时，兽医卫检人员必须认真查明疑点，待查明原因后按有关规定进行处理。经入场验收认为合格的家禽准予卸载，并进行宰前饲养管理。在饲养管理期间，动物检疫人员应该常观察家禽的健康状况，发现病禽要及时处理。

2. 送宰检验

经宰前管理后的家禽，为了最大限度地防止病禽进入屠宰加工车间，在送宰之前需再进行详细的临床检查，检查合格后出具准宰证明，送往屠宰车间宰杀。

3. 检疫方法

家禽的检疫对保证产品质量和防止疫病扩散是一个非常重要的环节，因此必须做好检疫工作。家禽的检疫包括群体检查和个体检查两个步骤，一般以群体检查为主，个体检查为辅，必要时进行实验室诊断。

(1)群体检查　家禽的群体检查一般以笼或舍等为一群来进

行检查，通过对禽群进行静态、动态、饮食状态的观察以判定家禽的健康状况。

静态检查：在不惊扰禽群的情况下，观察家禽在自然安静状态下的情况，主要观察禽群的精神、呼吸、站立、羽毛、冠、髯、天然孔等有无异常。

动态检查：靠近禽群，将家禽轻轻哄起，观察家禽的反应情况和行走姿态有无异常。

饮食状态检查：在饲喂时观察禽群的采食和饮水是否正常，顺便观察粪便的情况。

健康家禽全身羽毛丰满整洁，紧贴体表而有光泽，泄殖孔周围和腹下绒毛洁净而干燥。两眼明亮有神，口、眼、鼻洁净，冠、髯鲜红发亮，对周围事物反应敏感，行动敏捷，勤采食，不时发出咯咯声或啼叫，经常撩起尾羽与鼓动翅膀，常用喙梳理羽毛，休息时往往头插入翅下，并且一肢高收。呼吸均匀，粪便呈浅黄色半固体状。

病禽精神委顿，闭目缩颈，冠、髯苍白或青紫、肿胀，口、鼻、眼有分泌物，翅、尾下垂，羽毛蓬松无光泽，离群独居，行动迟缓，不喜采食，有灰白色、灰黄色或灰绿色的痢便，泄殖孔周围和腹下绒毛潮湿不洁或沾有粪便，呼吸困难，有喘息音。

(2)个体检查　经群体检查被剔除的病禽和疑似病禽，应逐只进行详细的个体检查。其检查方法包括看、听、摸、检四大要领。

检疫人员用左手自禽体后方向前握持两翅根部，将家禽提起。先观察头部的冠、髯，看有无肿胀、苍白、发绀和痘疹等异常现象；鼻是否洁净，有无异常分泌物等；再用右手的中指抵住咽喉部，并用拇指和食指夹压两颊部，使禽口张开，观察口腔内情况，看是否能诱发咳嗽。看羽毛是否松乱，有无光泽，重点看肛门周围和腹下绒毛是否潮湿不洁，有封锁粪便沾污；掀开被毛，检查皮肤，看皮肤的色泽，有无痘疹、坏死、肿瘤、结节等。用手触摸嗉囊，检查其充实度和内容物的性质，是否空虚、积液、积气、积食；再触摸胸部和腿部肌肉，检查其肥瘦程度；触摸关节，检查是否肿胀。必要时将家禽夹在左腋下，左手握住两腿，将温度计插入泄殖腔，测其体温。

鸭则挟于左臂下，以左手托住锁骨部，用右手进行个体检查。鹅体较重，不便提起，一般按倒就地检查。

【提交作业】

参加校内生产性实训基地或校外养禽场的生产实践，注意观察禽群，及时发现病、弱禽并进行临床诊断，通过发病症状无法确诊的病例可采集样本进行实验室诊断，能独立完成家禽病例的诊断和治疗，针对病因提出饲养管理中的预防性方案。

【任务评价】

工作任务评价表

班 级		学 号		姓 名	
企业（基地）名称		养殖场性 质		岗位任务	禽病诊断技术

一、评分标准

说明：考核共5项，总分100分；分值越高表明该项能力或表现越佳，综合评分为各项评分的综合。90分以上优秀，75≤分数＜90良好，60≤分数＜75合格，60分以下不合格。

考核项目	考核标准	得分	考核项目	考核标准	得分
综合素质（55分）			专业技能（45分）		
专业知识（15分）	熟悉家禽的异常行为；家禽保健与安全生产措施；家禽常见疾病预防及诊断知识。		临诊检查（20分）	会进行初步的问诊；能观察禽群的异常反应；会进行禽病的临床检查；能根据临床症状进行初步诊断。	

续表

考核项目	考核标准	得分	考核项目	考核标准	得分
综合素质(55分)			专业技能(45分)		
工作表现(15分)	态度端正;团队协作精神强;质量安全意识强;记录填写规范正确;按时按质完成任务。		临诊结果(5分)	家禽的异常反应观察正确;禽病的临床症状检查正确;临诊结果正确。	
学生互评(10分)	根据小组代表发言、小组学生讨论发言、小组学生答辩及小组间互评打分情况而定。		实验室检查(15分)	会进行细菌学检验;会操作病毒学检验;知道血清学检验技术。	
实施成果(15分)	能观察家禽的临床表现;具备常见禽病的诊断能力;能针对禽病采取正确的预防和治疗措施。		诊断与治疗(5分)	结合临床检查和实验室检查得出确诊结果;拿出正确的治疗方案。	

综合分数:______分　优秀(　)　良好(　)　合格(　)　不合格(　)

二、综合考核评语

(该学生是否掌握了该岗位的专业知识、专业技能及掌握程度,能否通过该岗位技能考核)

老师签字:

日　　期:

说明:此表由校内教师或者企业指导教师填写。

参考文献

1. 刘太宇.畜禽生产技术实训教程.北京:中国农业大学出版社,2008.
2. 潘琦.畜禽生产技术实训教程.北京:化学工业出版社,2009.
3. 周新民,蔡长霞.家禽生产.北京:中国农业出版社,2011.
4. 丁国志,张绍秋.家禽生产技术.北京:中国农业大学出版社,2007.
5. 吉俊玲,张玲.养禽与禽病防治.北京:中国农业出版社,2012.
6. 周新民.家禽生产与禽病防治.南京:江苏教育出版社,2012.
7. 吴健,陆雪林,尤明珍.国家职业标准——家禽饲养工.北京:中华人民共和国劳动和社会保障部,中华人民共和国农业部,2005.
8. 吴健,杨泽霖,陆雪林,等.国家职业标准——家禽繁殖工.北京:中华人民共和国劳动和社会保障部,中华人民共和国农业部,2007.
9. 李宏建.家禽饲养工(初、中、高级).北京:中国劳动社会保障出版社,2008.
10. 农业部人事劳动司,农业职业技能培训教材编审委员会.家禽繁殖工(初、中、高级).北京:中国农业出版社,2009.
11. 赵云焕.规模鸡场的生物安全体系建设.黑龙江畜牧兽医,2010(5):21-22.
12. 魏宽广.鸡群给药方法及注意事项.现代农业科技,2011(9):

362-363.
13. 郭丙全，云长晔，李莹. 鸡疫苗常用免疫接种方法及注意事项. 山东畜牧兽医，2010(1)：41-42.
14. 何茹，蔡青，等. 规模化养鸡场转群操作要点. 中国家禽，2011(16)：54.
15. 史延平，赵月平. 家禽生产技术. 北京：化学工业出版社，2009.